创新课堂

人大附中

总主编 刘小惠

厨房中的
化学

贺新 等 著

U0304451

中国人民大学出版社

·北京·

人大附中系列丛书编委会

刘小惠　李永强　王晓楠　周建华　崔艳阳

许作良　李　颖　于秀娟　钟兰芳　马　晴

梁丽平　徐　莉　黄群飞　卢海军　李　桦

张卫汾　王志鹏　胡继超　邹明健　佟世祥

吴　凌　吴中才　孙　芳　刘景军　刘永进

贺　新　闫新霞　梁月婵　闫桂红　张　帅

唐艳杰　彭　伟　冯树远　李作林　武　迪

陈　华　万　丹　赵有光

本书为北京市教育学会"十四五"教育科研2023年度课题"基于深度学习的化学教学研究与实践——以厨房中的化学为例"（课题编号：HD2023-032）的成果之一。

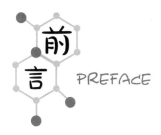

前言 PREFACE

　　人大附中化学教研组的每位教师，不忘初心，深耕细作，始终坚持尊重教育教学规律、尊重学生发展规律、尊重学科学习规律，始终坚持因材施教和教书育人的原则，坚持做好教研，做好课堂教学。

　　从 2012 年开始，十多年来，我们教研组的老师们从身边的化学着手，选取"手机中的化学""汽车中的化学"等不同的主题，开展并完成了一系列基于真实情境的深度课堂教学研究和实践。从 2020 年起，我们又以"厨房中的化学"为主题，围绕能源、食材、厨具灶具、消毒清洁和厨余垃圾等五个系列，开设了从初中到高中不同年级的系列研究课。课堂教学立足于化学知识在厨房中的应用，实施过程中始终坚持"真实""深度""评价"的原则。其中"真实"是指在课堂中选取真实的情境并根据情境设计真实的驱动性问题开展教学；"深度"是指教师在前期深度学习的基础上，引领学生围绕具有挑战性的学习主题，开展以化学实验为主的多种探究活动，

从宏微观结合、变化守恒的视角，运用证据推理与模型认知相结合的思维方式，分析解决综合性复杂问题，获得结构化的化学核心知识，掌握运用化学学科思想解决问题的方法，培养学生的创新精神和实践能力，促进学生核心素养的发展；"评价"是指在课堂教学中通过学生的活动表现、师生互动、生生互动等多种形式体现过程性评价。系列研究课借助课堂教学及项目式学习等多种方式，为学生化学学科核心素养的形成和发展搭建了平台，提供了真实的表现机会，努力转变学生的学习方式；同时，这样一系列课堂实践活动促进了化学教研组每一位教师的专业发展，增强了团队的凝聚力。

以"厨房中的化学"为主题，聚焦"如何吃得更美味、健康""如何用得更安全、便捷"的课堂教学实践活动一晃已有三年多时间，为了让读者能够一同感受到我们生动的课堂教学，成书前经过多次广泛深入的研讨，我们决定将我们每节课的教学设计转换成具有情节且通俗易懂的呈现方式。我们的每一节课都是在"真实""深度"的前提下生成的，并经过了课堂的实践，因此，本书在每篇文章前都把你在厨房这方天地中可能遇到的问题提炼出来，通过设置层层递进的情境将问题深入浅出地进行讲解和剖析，并通过"小文"和"化博士"两个角色间问答的方式，不仅帮助你解答在厨房中可能遇到的问题或困惑，而且还带着你一起做、一起吃、一起用……在阅读的过程中，你会深刻感受到化学与社会生活息息相关；你会从化学的视角运用科学的方法分析并解决生活中遇到的实际问题；你能辨析网络上一些错误的信息或说法；你能用正确的观念和方法指导自己的生活……

总之，当你开始阅读，你必将有所收获。

本书在每篇文章后还附上了符合课程标准要求的相关知识点和练习，所选试题主要来自北京市的中高考试题及北京各区的模拟试题，同时，老师们以课程标准为依据对所选试题进行了解析。

感谢所有参与本书撰写的人大附中化学教研组的老师，他们是蔡元博、曹葵、晁小雨、丁晓新、冯姝、甘红梅、过新炎、贺新、蒋艳、李燕、林静、刘丹、王超越、王珊珊、王天吉、吴建军、臧春梅、张晨晓、张文胜等。

由于水平有限，书中纰漏之处在所难免，恳请读者批评指正。

人大附中化学教研组

贺　新

2024 年 10 月

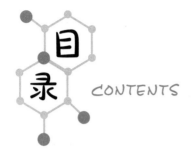

目录 CONTENTS

三 厨具、灶具

四 消毒清洁

五　厨余垃圾

一

能源

1 厨房中的燃料

❓ 燃烧的作用与条件有哪些?

❓ 厨房中的燃料有哪些? 它们是如何变迁的?

❓ 如何调控燃料的燃烧?

 ## 观察与发现 ❶

最近,小文在家跟着妈妈学做菜,但总不得要领,虽每次无论是菜的新鲜程度和分量,还是调料用量,都跟妈妈用的一模一样,但做出的味道还是差很远!妈妈说:"做菜是一门学问,掌握火候很重要,除了要关注灶台上的食材还要关注灶台下的火候,火的使用对我们人类文明的发展和生活水平的提高起到了至关重要的作用。"

"火的使用"从哪些方面促进了人类社会的进步？

　　原始人学会取火后，把生食烧成熟食，熟食不仅美味还有利于身体健康，延长寿命。原始人有了火，夜晚可以点火照明，冬天可以用火取暖，还可以驱走野兽，由此提高了生活质量。有了火，才能烧制陶器，后来人们利用火学会了冶炼铜、铁等金属，制作出工具，从而提高了生产力。

燧人氏钻木取火用火

古人用火冶炼金属

燃烧为什么能有如此巨大的作用？其根本原因是什么呢？

　　燃烧会释放光和热。燃烧是可燃物与氧气发生的发光、放热的剧烈的化学反应。化学反应的基本特征是消耗旧物质，产生新物质，从而实现物质转化。燃烧不仅实现了物质转化，还实现了能量转化，将物质中储存的化学能转化为热能和光能。

燃烧持续发生的条件是什么？

　　燃烧需要有可燃物（能够燃烧的物质）、助燃物（支持燃烧的物质，通常为氧气）和达到燃烧状态所需的最低温度（也叫着火点），这三个条件必须同时具备，燃烧才能发生。从化学反应的角度分析，可燃物和氧气是反应物，达到所需的温度是反应条件。氧气可以来自空气，燃料的开采与选择就显得更为重要。从国家和社会来看，保障燃料的供给也就成了非常重要的民生问题。

燃烧的条件

观察与发现 2

小文和家人到饭店吃饭，点了烤羊肉串，但发现烤羊肉串不是在后厨燃气灶上统一做好，而是在门厅旁小厨房用炭火炉子烤制。

 小 文

厨房中的燃料有哪些？

 化博士

厨房中的燃料按变迁顺序经历了柴草、木炭、煤、液化气、天然气，分别对应能源发展的薪柴时代、煤炭时代与石油时代。以上燃料目前在不同区域仍有使用：如在偏远农村地区生活燃料仍然以柴草和木炭为主；城市家庭厨房中则主要使用各种燃气，且越来越多使用天然气。

小 文

燃料为什么会发生这样的变迁呢?

化博士

　　燃料变迁主要由其来源、成本、效益、使用的便捷程度、对环境的影响等多个因素决定。由于工业时代的到来,人类对燃料的需求急速增长,农耕文明时所用的柴草、木炭等已不能满足需求,于是煤炭时代到来。由于环境等问题,煤炭又逐渐被燃气所取代。

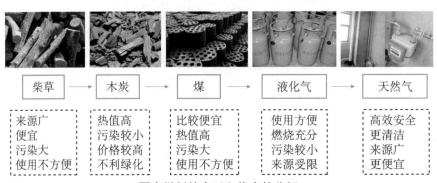

厨房燃料的变迁和优劣势分析

柴草	木炭	煤	液化气	天然气
来源广 便宜 污染大 使用不方便	热值高 污染较小 价格较高 不利绿化	比较便宜 热值高 污染大 使用不方便	使用方便 燃烧充分 污染较小 来源受限	高效安全 更清洁 来源广 更便宜

　　今天,人类不断面临能源危机,合理利用燃料,减少污染,让现有的燃料发挥最佳效益是化解能源危机的重要途径。所以在厨房燃料变迁的过程中人类还采取了如灶具改造等有效措施以有效利用燃料,减少污染,保护环境,如下表所示。

合理利用厨房燃料的措施及其化学原理

燃料	合理利用厨房燃料的措施	化学原理
柴草	晒干柴草	减少因水分蒸发吸收的热量，使可燃物较快达到着火点，更易燃烧
	将柴草架起来燃烧	促进空气流动，提供充足氧气，使燃烧充分
	在灶台上建烟囱，设置风箱	促进空气流动，提供充足氧气，使燃烧充分
煤炭	做成蜂窝煤	增大与空气的接触面积，使燃烧更充分
燃气	改进灶具，优化燃气与空气混合方式	使反应物之间接触更充分，反应更充分

 观察与发现③

小文妈妈接到小文姥姥姥爷电话，说老家最近通了天然气，以前的液化气燃气灶不适用了，本来打算花钱再买一个新的燃气灶，但邻居说，旧灶适当改造下可以继续用，问小文妈妈是不是真的。

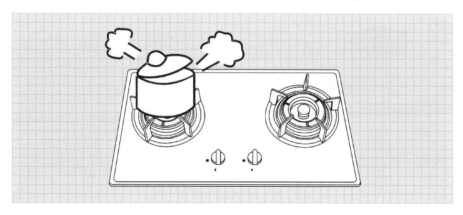

 **小 文**

天然气和液化气有什么不同？

7

 化博士

天然气是一种重要的化石燃料，由古代生物的遗骸经过一系列复杂变化天然形成，主要含有碳和氢组成的气态烃，其中最重要的成分是甲烷（CH_4），它是一种较清洁的燃料。燃烧的化学方程式可以表示为：$CH_4 + 2O_2 \xrightarrow{\text{点燃}} CO_2 + 2H_2O$。天然气具有储量丰富、燃烧充分、热值高、污染小等优点，在如今的生产生活中被越来越广泛地应用。

液化气的全称为液化石油气，来自石油的分馏和裂化等，即通过将石油加热，利用各成分沸点的不同，将它们进行分离冷凝得到。液化气的主要组成元素是碳、氢。石化工业中得到的液化气经加压后压缩到钢瓶中储存、运输，常温下瓶内压强一般是大气压强的 7～8 倍。液化气的来源成本相较天然气要高，主要成分之一为丁烷（C_4H_{10}），燃烧的化学方程式可以简单表示为：$2C_4H_{10} + 13O_2 \xrightarrow{\text{点燃}} 8CO_2 + 10H_2O$。

 小 文

天然气和液化气的组成元素和燃烧产物一样，为什么使用的燃气灶不一样？

 化博士

对比液化气和天然气燃烧的化学方程式会发现，燃烧时，天然气中甲烷与氧气的分子数之比为 1 : 2，而液化气中丁烷与氧气的分子数之比为 2 : 13，说明同体积的天然气和液化气燃烧，液化气需要的氧气量要更大。

小 文

那么如何将液化气灶改造为天然气灶呢？

化博士

这就需要我们先了解一下燃气灶的构造和原理，如下图所示。

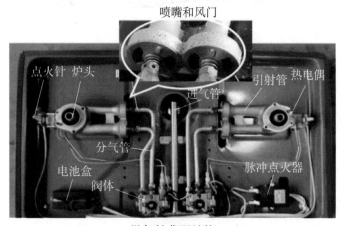

燃气灶背面结构

　　常见燃气灶的空气（提供氧气）是从灶台下方，通过风门进入，与燃气充分混合，再由炉头的多孔结构，分成细小的混合气流喷出，经电火花点燃后燃烧。进空气的风门处特别设计了一个调节装置（拨片），通过调节拨片可以调节空气量大小，一边调一边观察火焰颜色，火焰呈蓝色为合适，如下图所示。由于燃烧同体积的燃气，液化气比天然气需要的氧气量更大，所以将之前用液化气的燃气灶改造为使用天然气，要调小空气的进风口。

燃气灶炉头

除了考虑空气量大小合适以外，其实还存在燃气量大小是否合适的问题。气流不仅和管道孔径大小有关，还和流速有关，而流速又与气源的压力有关。液化气是经加压液化后装入燃气罐的，常温下罐内压强一般是大气压强的7~8倍。而燃气进入炉头是通过一个喷嘴，喷嘴孔径的大小与罐内压强共同决定了燃气流量。根据以上分析，要把液化气灶改为天然气灶，需要买一个孔径稍大些的天然气定位喷嘴换上。所以在实现燃气灶所使用的燃料由液化气改为天然气的过程中，需要进行燃气定位喷嘴的更换和风门大小的调整：调大喷嘴，以调大燃气量；调小风门，以调小空气量。

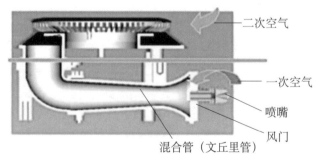

燃气灶燃烧系统结构

32 mm定位喷嘴一对（液化气）
（双头炉需要更换2对）

喷嘴参数：小火0.38 mm，大火0.88 mm

增大喷嘴口径 →

32 mm定位喷嘴一对（天然气）
（双头炉需要更换2对）

喷嘴参数：小火0.7 mm，大火1.3 mm

燃气灶改造示意图

 我知道了

  燃烧对人类生产生活有着重要意义。燃烧必须同时具备可燃物、与助燃物（通常是氧气）接触和温度达到着火点三个条件，缺一不可。

  厨房燃料的变迁从柴草发展到煤再发展到燃气，主要由燃料的来源是否广泛、价格是否便宜、燃烧是否充分、使用是否便捷、对环境是否友好等因素综合决定。目前，综合考虑各因素，天然气是厨房的最佳燃料。

  对燃料燃烧的调控主要从调节燃料和氧气的比例及二者接触的充分程度进行。氧气的量越充足，燃料与氧气的接触面积越大，燃料的燃烧就越充分。将燃气灶由用液化气改为用天然气，首先应分析其燃料成分，再根据两种燃气燃烧反应的化学方程式进行定量分析，应调小空气量，调大燃气量。

知识链接

  （1）燃烧：可燃物（能够燃烧的物质）与助燃物（支持燃烧的

物质，通常为氧气）发生的一种发光、放热的剧烈化学反应。

（2）燃烧条件：燃烧需要有可燃物、助燃物和达到燃烧状态所需的最低温度（也叫着火点），这三个条件必须同时具备燃烧才能发生。

1.［2022北京中考，34］用下图所示实验验证可燃物燃烧的条件。

已知：白磷和红磷的着火点分别为40℃、260℃。

（1）铜片上的白磷燃烧而红磷不燃烧，说明可燃物燃烧的条件之一是 _____。

（2）能验证可燃物燃烧需要与O_2接触的现象是 _____。

（3）热水的作用是 _____。

答案：

（1）温度达到可燃物的着火点

（2）铜片上的白磷燃烧，水中的白磷不燃烧

（3）加热、隔绝氧气

解析：根据题目信息，白磷和红磷的着火点分别为40℃、260℃，烧杯中热水温度为80℃，达到白磷着火点而未达到红磷着

火点，结合实验现象——铜片上白磷燃烧而红磷不燃烧——进行对比可知，可燃物燃烧需要温度达到着火点；要验证可燃物燃烧需要与 O_2 接触，需对与 O_2 接触且温度达到着火点的白磷与温度达到着火点但未与 O_2 接触的白磷进行对比，结合设问要求，故填"铜片上的白磷燃烧，水中的白磷不燃烧"；热水的作用一是加热使白磷温度达到着火点，二是使水下白磷与 O_2 隔绝，形成对照。

2. [2023 北京中考，25] 用下图装置进行实验。通入 O_2 前，白磷均不燃烧；通入 O_2 后，甲中白磷不燃烧，乙中白磷燃烧。下列说法不正确的是（　　）。

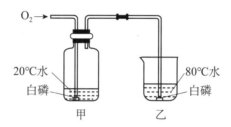

已知：白磷的着火点为 40℃；红磷的着火点为 260℃。

A. 该实验能验证可燃物燃烧需要与 O_2 接触

B. 该实验能验证可燃物燃烧需要温度达到着火点

C. 若将甲中的白磷换成红磷，能验证可燃物燃烧需要温度达到着火点

D. 若将乙中的白磷换成红磷，能验证可燃物燃烧需要与 O_2 接触

答案：D

解析：由题目中信息可知白磷的着火点为 40℃，乙中水温 80℃达到白磷着火点，通过对比通入 O_2 前乙中白磷不燃烧，通入 O_2 后

乙中白磷燃烧可知，可燃物燃烧需要氧气，故 A 正确；由题目中信息可知甲中水温 20℃未达到白磷着火点，乙中水温 80℃达到白磷着火点，而通入 O_2 后，甲中白磷不燃烧，乙中白磷燃烧，说明可燃物燃烧需要温度达到着火点，故 B 正确；由题目中信息红磷的着火点为 260℃，将甲中的白磷换成红磷，甲中水温 20℃未达到红磷着火点，乙中水温达到白磷着火点，通过对比通入 O_2 后，甲中红磷不燃烧，乙中白磷燃烧，可以验证可燃物燃烧需要温度达到着火点，故 C 正确；由题目中信息可知将乙中的白磷换成红磷，乙中水温 80℃未达到红磷着火点，通入 O_2 后，甲中白磷不燃烧，乙中红磷也不燃烧，不能验证可燃物燃烧需要 O_2，故 D 错误。

（甘红梅）

2 再看厨房中的燃料

❓ 厨房中常用的燃料有哪些？此外，社会生产生活中常用的燃料还有哪些？

❓ 为什么燃料能提供能量？

❓ 用作厨房中的家用燃料需要具备哪些条件？

❓ 为什么我国倡导用天然气替代液化气？

❓ 可否将氢气用作厨房燃料？

 观察与发现 1

暑假开始，小文就跟着学校组织的科学考察小组进行了社会实践。这些天同学们有时住在野外，有时住农家，不仅学会了如何进行科学观测，还学会了很多在野外生存的技能……小文刚一回到家就和爸爸妈妈说起了这次外出的所见所闻。妈妈看着兴奋的小文，好奇地问："你们在野外的时候是怎么做饭呢？"小文得意地说："我们在外面可不像在家里有液化气、天然气可以使用，到了农家还好，有煤炉、木炭可以烧水做饭，在野外的时候我们就捡稻草、树枝等当燃料，把锅架起来进行加热野炊。我们小组最团结，得到了老师的表扬，我们还帮助其他组……"爸爸妈妈看着滔滔不绝的小文，真是感到有说不出的高兴。爸爸提醒小文，一定要把这次的经历好好总结一下。

接下来的几天，小文把这次外出考察实践活动进行了认真的总结。他发现社会生产生活中常用的燃料很多，厨房中常用的燃料有煤炭、液化气、天然气等。此外，汽油、煤油、柴油、液氢等燃料在工农业生产、航空航天等领域也应用广泛。

这些都可以作为燃料，为什么燃料能提供能量呢？

木柴　　　　　　液化气

木炭　　　　煤　　　　天然气　　　液氢

常见的燃料

小　文

为什么燃料能提供能量？

化博士

根据生活经验和以往的学习我们知道，有的化学反应放热，有的化学反应吸热，我们可以这样理解，当反应物的总能量高于生成物的总能量时，反应表现出来的是向环境放热，这是我们通常所说的放热反应；当反应物的总能量低于生成物的总能量时，即为吸热反应。所有的燃烧反应都是放热反应，即燃料在燃烧过程中能释放能量。

小 文

化学反应中都会伴随着能量变化吗？

化博士

化学反应中，既然有新物质生成，就一定伴随着能量变化。化学反应的实质是旧键断裂、新键形成，化学键断裂需要吸收能量，化学键形成会释放能量，所以化学反应中会伴随着能量的变化。对于化学反应中的能量变化问题，我们可以从宏观和微观两个层面来分析理解。从宏观的角度来看，燃料燃烧释放能量是由于反应物的总能量高于生成物的总能量。从微观的角度来看，燃料燃烧释放能量是由于旧键断裂吸收的能量比新键形成释放的能量低。

下面以氢气的燃烧为例。从宏观的角度说，反应物氢气和氧气的总能量高于生成物水的总能量。从微观的角度说，反应物中氢气中的 H—H 键和氧气中的 O=O 键断裂吸收的能量比生成物水形成 H—O 键时释放的能量要低。这是化学反应中能量变化的根本原因。我们还可以通过查阅资料手册找到相关键能的数据，进而定量分析化学反应中能量的变化。

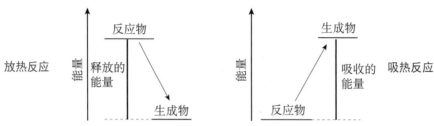

从宏观角度分析化学反应中的能量变化

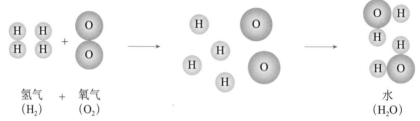

从微观角度分析化学反应中的物质生成

小文

　　除了提供生活所需要的能量外，选择厨房燃料的依据有哪些？

化博士

　　选择厨房燃料时，不仅需要考虑来源、成本，还需要考虑使用的便捷性与安全性、是否绿色环保等因素。

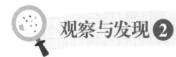

观察与发现 ❷

　　不同时期厨房燃料的变化，凸显了科学技术的进步给社会、居民日常生活、环境带来的变化。小文从网上查到了我国城市燃气管道长度图以及人工煤气、液化石油气与天然气占比图后，又产生了新的疑问。

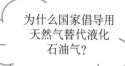

为什么国家倡导用天然气替代液化石油气?

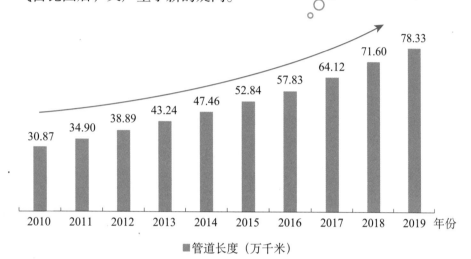

我国城市燃气管道长度图

数据来源：国家统计局。

人工煤气、液化石油气与天然气占比图

数据来源：国家统计局。

19

为什么国家倡导用天然气替代液化气？

　　天然气的主要成分是甲烷，液化气的主要成分是丁烷。根据前面我们讲述的，查阅资料手册中的键能数据，可以分别计算 1 mol 甲烷和 1 mol 丁烷完全燃料时释放的能量。

部分键能数据

化学键	键能（kJ/mol）	化学键	键能（kJ/mol）
C—C	344	H—H	436
C—H	415	H—O	465
C=O	708	O=O	498

注：键能指断开 1 mol 某种化学键所需要的能量或形成 1 mol 某种化学键所释放的能量。

甲烷和丁烷完全燃烧的化学方程式可以分别表示为：

$$CH_4 + 2O_2 \xrightarrow{\text{点燃}} CO_2 + 2H_2O \quad 2C_4H_{10} + 13O_2 \xrightarrow{\text{点燃}} 8CO_2 + 10H_2O$$

计算 1 mol 甲烷和 1 mol 丁烷完全燃烧时释放的能量如下：

1 mol 甲烷燃烧时释放的能量：

$$2 \times 708 + 4 \times 465 - (4 \times 415 + 2 \times 498) = 620 \text{（kJ）}$$

1 mol 丁烷燃烧时释放的能量：

$$8 \times 708 + 10 \times 465 - (3 \times 344 + 10 \times 415 + \frac{13}{2} \times 498) = 1\,895 \text{（kJ）}$$

我们通过计算不难得出结论：相同物质的量的丁烷比甲烷燃烧释放的能量更多。尽管如此，国家依然倡导用天然气替代液化气，原因是天然气来源更广、成本更低、使用更便捷、污染更小。我国的蓝鲸2号钻井平台，采用了国际最先进的天然气开采技术，为大规模开采和使用天然气提供了有力保障。

2021年全国"两会"期间，政府工作报告中提到的"碳达峰""碳中和"成为热词。小文如果感兴趣的话，可以上网查阅一下这些热词的含义。当下，氢能被视为21世纪最具发展潜力的清洁能源，小文请你想一想，可否将氢气用作厨房燃料？

小文沉思了良久，给出了结论：目前并不合适，主要原因是氢气的来源、贮存携带、安全性等多个方面都存在问题。

小文的回答非常正确！氢能尽管优点非常突出，但是存在成本高、来源少、使用便捷性与安全性差等多个方面的问题，亟待今后进一步解决。

我知道了

厨房中常用的燃料经历了从木柴到煤、到液化气、再到天然气的过程。汽油、煤油、柴油、液氢等燃料广泛应用在工农业生产、航空航天等领域。

燃料之所以能提供能量，是由于在化学反应中，既然有新物质生成，就一定伴随着能量变化。从宏观的角度来看，燃料燃烧

释放能量是由于反应物的总能量高于生成物的总能量；从微观的角度来看，燃料燃烧释放能量是由于旧键断裂吸收的能量比新键形成释放的能量低。

选择厨房燃料时，不仅需要考虑来源、成本，还需要考虑使用的便捷性与安全性、是否绿色环保等因素。

国家倡导用天然气替代液化气主要是由于天然气比液化气来源更广、成本更低、使用更便捷、污染更小。

氢能尽管优点突出，但是存在成本高、来源少、使用便捷性与安全性差等多个方面的问题，亟待今后进一步解决。

知识链接

1. 反应热与焓变

在反应前后温度相同的条件下，化学反应体系向环境释放或从环境中吸收的热量，被称为化学反应的热效应，简称反应热。在科学研究和生产实践中，化学反应通常是在反应前后压强相同的条件下进行的。为此，科学家引入了一个与内能有关的物理量——焓（符号为 H）来描述等压条件的反应热。研究表明，在等压条件下进行的化学反应，其反应热等于反应的焓变，用符号 ΔH 表示，常用单位是 kJ/mol。当反应体系放热时其焓减小，ΔH 为负值，即 $\Delta H < 0$；当反应体系吸热时其焓增大，ΔH 为正值，即 $\Delta H > 0$。例如，在 25℃ 和 101 kPa 下，1 mol H_2 与 1 mol Cl_2 反应生成 2 mol HCl 时释放 184.6 kJ 热量，则该反应的反应热为：$\Delta H = -184.6$ kJ/mol。

2. 热化学方程式

表明化学反应中所释放或吸收的热量的化学方程式，叫作热化学方程式。仍以上述反应为例，热化学方程式为：

$$H_2(g)+Cl_2(g)\!\!=\!\!=\!\!2HCl(g) \quad \Delta H=-184.6 \text{ kJ/mol}$$

热化学方程式中注明了反应物和生成物的聚集状态。物质的聚集状态不同时，它们所具有的焓也不同。其中，g 代表气体（gas），l 代表液体（liquid），s 代表固体（solid），aq 代表溶液（aqueous solution）。

 真题实战

1. 已知氢气在氯气中燃烧时产生苍白色火焰，在反应过程中，破坏 1 mol 氢气的化学键所要消耗的能量为 Q_1 kJ，破坏 1 mol 氯气的化学键所要消耗的能量为 Q_2 kJ，形成 1 mol 氯化氢中的化学键所释放的能量为 Q_3 kJ，下列关系式正确的是（　　）。

A. $Q_1+Q_2>Q_3$　　　　　　　　B. $Q_1+Q_2>2Q_3$

C. $Q_1+Q_2<Q_3$　　　　　　　　D. $Q_1+Q_2<2Q_3$

答案：D

解析：根据氢气燃烧反应的化学方程式 $H_2+Cl_2\!\!=\!\!=\!\!2HCl$，反应每消耗 1 mol 氢气和 1 mol 氯气，断裂 1 mol H—H 键和 1 mol Cl—Cl 键，生成 2 mol H—Cl 键，且燃烧反应放热，因此 $Q_1+Q_2<2Q_3$，D 正确。

2. [2020北京，12] 依据图示关系，下列说法不正确的是（　　）。

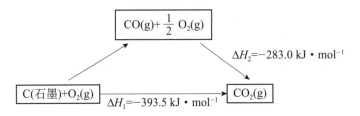

A. 石墨燃烧是放热反应

B. 1 mol C(石墨) 和 1 mol CO 分别在足量 O_2 中燃烧，全部转化为 CO_2，前者放热多

C. C(石墨)$+CO_2(g)$══$2CO(g)$　　$\Delta H=\Delta H_1-\Delta H_2$

D. 化学反应的 ΔH，只与反应体系的始态和终态有关，与反应途径无关

答案：C

解析：$\Delta H_1<0$，石墨燃烧放热，故 A 正确。比较 $|\Delta H_1|$ 与 $|\Delta H_2|$ 的大小，1 mol 石墨燃烧放热更多，故 B 正确。根据盖斯定律，即"一个化学反应，不管是一步完成的还是分几步完成的，其反应热是相同的"可知，在一定条件下，化学反应的反应热只与反应体系的始态和终态有关，而与反应进行的途径无关，故 D 正确。

$$① \ C(石墨)+O_2(g)══CO_2(g)　　\Delta H_1$$

$$② \ CO(g)+\frac{1}{2}O_2(g)══CO_2(g)　　\Delta H_2$$

根据盖斯定律，①$-2\times$②可得：

$$C(石墨)+CO_2(g)══2CO(g)　　\Delta H=\Delta H_1-2\Delta H_2$$

故 C 中的说法不正确。

（过新炎，贺新）

3 自热食品如何"自热"？

? 什么是自热食品？自热食品有哪些特点呢？

? 自热的原理是什么？

? 使用发热包加热食品时，需要注意哪些问题？

 观察与发现 ①

盼星星，盼月亮，终于快到周末啦！每逢周末，小文一家总会去郊游，除了带上羽毛球、跳绳、飞盘等户外运动装备用以强身健体之外，爸爸妈妈总会提前准备些好吃的、好喝的——在享受大自然美景的同时，玩累了就坐在帐篷里、地垫上，享用各种美食。小文觉得每次都带面包之类的，很是没有新意，而且有点儿吃腻了，提议换个花样。妈妈附议道："听说最近自热食品挺火的，咱也尝试尝试吧。"爸爸是个行动派，马上在手机 App 上下单了几份知名品牌的自热火锅、自热米饭。

对小文来讲，自热食品可是个新鲜事物！又到了小文长知识的时间了，化博士该出场啦！

丰富多样的自热食品

化博士，您好！请问什么是自热食品呢？

小文，你好！自热食品，是指不依赖火、电等方式加热，而用自带发热包加热的预包装食品。

自热食品有哪些特点呢？

自热食品属于方便食品的升级版，不用火、不插电，不管是一个人宅在家里还是全家出游，都是非常方便快捷、省力省心的选择，而且种类丰富，完全契合了当下的"懒人经济"和快节奏生活，已经拥有了忠实的消费群体。食用自热食品时只要将100毫升左右的

水倒入包装后，等待几分钟，便可惬意地享受热气腾腾的饭菜。这是因为自热食品不需要明火，不需要外接电源，只需要有水，就可以不受时间、空间的限制。此外，自热食品加热容器体积小，热效率高，产热持续时间长，不污染环境；反应后的加热容器还可以放入保温纸桶，做成热宝，将口折叠好可以持续放热 3 小时左右，冬天可以用来暖身。不过，自热食品行业目前还缺乏国家标准。

 ## 观察与发现 ❷

门铃响了，是快递员叔叔把网购的自热米饭、自热火锅送到家啦！好奇心驱使小文拆开了自热米饭和自热火锅的外包装，小文发现这些自热食品是"套盒式"包装，发热包放在一个塑料盒子里，而食材放在另一个盒子里。小文看着食品专用发热包上的说明，边看边琢磨：为什么在无火无电的情况下能吃上热饭菜呢？

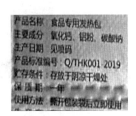

产品名称	食品专用发热包
主要成分	氧化钙、铝粉、碳酸钠
生产日期	见喷码
产品标准编号	Q/THK001-2019
贮存条件	存放于阴凉干燥处
保质期	一年
使用方法	撕开包装后立即使用

食品专用发热包的主要成分

化博士，发热包遇到水，发生的主要化学反应是什么？是放热反应还是吸热反应？

嗯，小文，我提示一下，发热包上写着的氧化钙就是生石灰，

你以前学过这种物质吧?

小 文

　　哦,我想起来啦! 我在小学科学课上学过,氧化钙就是生石灰,生石灰遇到水后反应会生成熟石灰(氢氧化钙),同时释放大量的热,可以用来煮熟鸡蛋。

生石灰和冷水可以煮熟鸡蛋

化博士

　　小文真棒! 发热包显示的主要成分为氧化钙、铝粉和碳酸钠,这些物质与水会发生放热反应,量足够大的话,可以使水沸腾,且能保温一段时间。目前市场上的食品专用发热包有3种规格,见下表,分别是30克、50克、70克,对应着不同的待加热食物的数量、品类和时长。

食品专用发热包的规格及使用

重量	30 克	50 克	70 克
可加热量 / 时长	300 毫升以内的食物，发热时间为 10 分钟	300 毫升以内的食物，发热时间为 18 分钟	500 毫升以内的食物，发热时间为 25 分钟
可加热食品种类	牛奶、饮料、汤等流食	熟食、牛奶、饮料、汤等	熟食、生食（方便面、鸡蛋、米饭、小火锅等易熟食材）
加水量	100～150 毫升	150～200 毫升	200～250 毫升

小 文

　　谢谢化博士！温故知新，我今天真是长知识了，这种感觉真不错。

化博士

　　学习就是逐步进阶的。小学科学，中学直至大学阶段的物理、化学和生物，都是一脉相承、难度逐渐增大的，从宏观定性走向微观定量，一步一步地接近科学的本质。到中学阶段，就要上升到建构化学观念层面了。

　　对于氧化钙与水反应生成氢氧化钙这个反应，首先要认识到在这个反应中，反应物有两种，生成物有一种，这样的反应属于化合反应。物质是具有多样性的，物质之间的转化是可以分类的。对真实世界的认识，需要建构"分类观"，这样可以使我们更好地理解世界的运行规律。氧化钙和水是反应物，氢氧化钙是生成物。当物质发生化学反应，反应物的总能量比生成物的总

能量高，就会放热；反之，则会吸热。而这就是我们需要建构起来的"能量观"。热力学第一定律告诉我们：能量是守恒的，物质在转化时，伴随着能量的转化，能量不会凭空产生，也不会凭空消亡，而是从一种形式转化为另一种形式。

 观察与发现❸

善于观察、勤于思考的小文注意到了发热包上红色加粗字体醒目的安全提示，也看到了自热食品包装盒上的"安全区警示"。他在琢磨：咦，这么多注意事项啊！

食品专用发热使用安全区警示：

使用方法：撕开塑料袋后小心放入室温水中使用，严禁使用热水！注意事项：
1、使用前请检查发热包是否破损，破损请勿使用。
2、拆开发热包塑料袋后，勿湿手接触发热包表面，并立即使用，放置时间不超过一小时。
3、使用发热过程中防止高温烫伤；请勿在玻璃、大理石等隔热性差的桌面上使用。
4、请勿在密闭空间里集中使用，同时注意通风，使用前后，请勿撕开发热包无纺布，勿在烟雾传感器的正下方使用。
5、如有发热包破袋污染食品，请勿食用。
6、如有发热包内物质进入眼睛或误食，请立即清水冲洗，催吐并立即就医。
7、未成年人请勿独自操作！！严防拆开塑料袋的发热包裸露丢弃，与水源接触！
8、请将使用过后的发热包，放置冷水中浸泡10分钟左右，使发热完全停止发热后再丢弃至垃圾桶。
注意：如须携带本产品外出时，请准备矿泉水或饮用水。

自热食品发热包包装盒上的"安全区警示"

 化博士

小文，你看——发热包最外面的包装袋是塑料，说明发热包要谨防与水接触，而且注意事项写着"严禁使用热水"，说明使用时应该加冷水。小文，你觉得为什么不让用热水呢？

呃，化博士，我注意到了"严禁使用热水"这个提示。您看是不是可以这么分析：冷水在短时间内会被加热至沸腾。如果直接用热水浸泡发热包，发热包遇热水会剧烈沸腾，食盒里的沸水就会溅到人身上。

小文说得没错！

发热包遇冷水，使化学能转化为热能。事实上，除了"严禁使用热水"之外，也应该注意，在使用发热包加热食品时，不要把包装盒放在玻璃台面上，因为在加热时，包装盒底部的温度会非常高，有可能让玻璃台面受高温而爆裂或留下难以清除的痕迹。

哦，谢谢化博士的安全提示。还有哪些其他注意事项呢？

不客气，小文。安全永远是第一位的。除了注意将发热包放入冷水之外，还需要注意一定要让冷水完全淹没发热包。使用完发热包之后，先冷却处理，不能堆积或与水接触，以防遇到火源引发爆燃。事实上，发热包包装上写的"远离明火"也是这个意思。当然，发热包并非食品，是不能食用的，所以包装上还写着"禁止食用"。

如果不小心食用，会引起呼吸道或胃肠道的不良反应，需要及时就近到正规医院检查与治疗。

仔细观察自热食品的包装盒，上面有个透气孔，如果透气孔堵塞，容易引起小型爆炸甚至烫伤皮肤。为了保证高温下气压平衡，一定要保持透气孔处于打开状态。不少自热食品的包装盒上有较为详细的安全提示，在使用前，一定要认真阅读，做到心中有数。

明白了，谢谢化博士。我来总结一下今天所学。

 我知道了

自热食品很方便，不用火，不插电，发热包就是自热食品的热源。常用的发热包主要的有效成分氧化钙，遇水发生化合反应，释放大量的热。加热、食用自热食品时，应谨记安全第一。发热包不可食用，使用时应远离明火，禁止使用热水。

知识链接

生石灰遇水生成熟石灰，为放热反应，可以用作"自热火锅"的热源。常见的放热反应还有：可燃物的燃烧、中和反应、大多数化合反应、金属与酸的置换反应、缓慢氧化等。常见的吸热反应有：大多数分解反应、盐类水解、碳和水蒸气以及碳和二氧化碳的反应等。

 真题实战

1. ［2022 山东东营初三期中，17］不用烧，不用煮，加入凉水就能享用热气腾腾美食的自热火锅，深受消费者的喜爱。小李同学购买了一份自热火锅（见图甲），他撕开包装看到了内部结构（见图乙），并了解了相关信息（见图丙）。

相关信息
食盒材料：无污染、可再生。
发热包主要成分：氧化钙、铝粉、碳酸钠。
铝粉作用：在碱性热水中能发生反应产生氢气，缓慢放热。

甲　　　　乙　　　　丙

（1）小李按照使用方法，向加热盒中加入适量的水，几分钟后，发现水沸腾起来。小李判定，这是发热包中的一种物质与水反应生成物质 A，同时释放出大量的热造成的。请写出反应的化学方程式：_____。

（2）通过化学课上的学习，小李还知道物质 A 还可以与发热包中的另一种物质发生反应，请写出该反应的化学方程式：_____。该反应的基本反应类型是_____。

（3）小李放上食盒，加入食材并倒入适量的饮用水，扣紧盒盖。在等待食物煮熟的过程中，小李发现加热盒逐渐变烫，盒内传出"嘶嘶"的声音，盒盖小孔的上方有水汽。请说明盒盖上小孔的作用_____。

答案：

（1）$CaO + H_2O == Ca(OH)_2$

（2）$Ca(OH)_2 + Na_2CO_3 \rightleftharpoons CaCO_3\downarrow + 2NaOH$　复分解反应

（3）盒内的空气、反应产生的氢气在受热后，体积膨胀，使盒内气压变大，盒盖的小孔便于气体的排放

解析：发热包中的氧化钙能与水反应生成氢氧化钙，放出大量的热，该反应的化学方程式为：$CaO + H_2O \rightleftharpoons Ca(OH)_2$。氢氧化钙能与碳酸钠反应生成碳酸钙和氢氧化钠，该反应的化学方程式为：$Ca(OH)_2 + Na_2CO_3 \rightleftharpoons CaCO_3\downarrow + 2NaOH$；该反应符合"两种化合物互相交换成分生成另外两种化合物"的反应条件，属于复分解反应。氧化钙和水反应生成氢氧化钙，放出大量的热。铝能在碱性热水中反应并生成氢气。盒内的空气、反应产生的氢气在受热后，体积膨胀，使盒内气压变大，盒盖的小孔便于气体的排放。

2. ［2021 广东佛山高一期末，7］自热火锅的发热包的主要成分有硅藻土、铁粉、铝粉、焦炭粉、盐、生石灰，使用时使发热包里面的物质与水接触即可。下列说法错误的是（　　）。

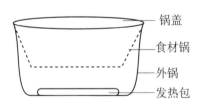

A. 生石灰与水反应放热

B. 铁粉发生吸氧腐蚀，缓慢放出热量，可延长放热时间

C. 硅藻土可增大反应物的接触面积

D. 使用后的发热包可作普通垃圾处理

答案：D

解析：生石灰与水发生化学反应生成氢氧化钙，会放出大量的

热，故 A 中说法正确。发热包内含有铁粉、焦炭粉、盐，加水后，盐溶于水，铁粉与焦炭粉、盐溶液在空气中形成原电池，铁粉发生吸氧腐蚀，该过程是缓慢氧化的放热过程，可延长放热时间，故 B 中说法正确。硅藻土具有疏松多孔的结构，能起到吸附作用，可增大反应物的接触面积，故 C 中说法正确。使用后的发热包，其中的生石灰变成熟石灰，腐蚀性依然很强，不能当作普通垃圾处理，应作为有害垃圾分类处理，故 D 中说法错误。

（吴建军）

二

食材

4 你了解你喝的水吗？

- ❓ 什么是硬水和软水？如何区别硬水和软水？
- ❓ 硬水有哪些危害？
- ❓ 生活中可以通过什么方法降低水的硬度？
- ❓ 家用净水器的净化原理是什么？

 观察与发现 ❶

炎炎夏日，小文来到爷爷家看望爷爷奶奶，感觉口渴想喝水，爷爷给他递来一杯白开水，小文喝了以后皱了皱眉，说："这水有点干涩，感觉怪怪的。"小文低头一看，杯底有少许白色粉末。爷爷说："这是我上午刚用热水壶烧开的水，在壶里都放凉了，白色的是水碱，没事儿，能喝。"

 小 文

自来水明明是流动的，为什么会说水"偏硬"呢？"水碱"是什么呢？

外观无色、澄清、透明的自来水有软水和硬水之分，主要是根据水中的可溶性钙镁化合物的多少进行区分：软水是指不含或含较少可溶性钙镁化合物的水；硬水是指含有较多可溶性钙镁化合物的水。

在日常生活中，水壶用久后内壁会有水垢生成（见右图），这也与水的硬度

水壶内壁水垢

有关。主要是水中所溶解的碳酸氢钙 $[Ca(HCO_3)_2]$ 和碳酸氢镁 $[Mg(HCO_3)_2]$，在煮沸的过程中会变成难溶于水的碳酸钙（$CaCO_3$）和氢氧化镁 $[Mg(OH)_2]$，这样就形成了水垢。水垢又称"水碱"。

硬水除了会影响口感，还有什么危害吗？

对于饮用水而言，硬度会影响水的口感，一般硬度低的水使人感觉柔和，硬度高的水使人感觉清爽、厚重。饮用水的总硬度不能过大，如果不经常饮用硬水的人偶尔饮用硬度较大的水，则会造成腹泻、肠胃功能紊乱，这也是所谓的"水土不服"的原因之一。用硬水烹调鱼肉、蔬菜，易造成蛋白质沉淀、无机盐沉淀和食物不易煮熟，从而降低食物的营养价值；用硬水泡茶会改变茶的色香味从而降低其

饮用价值。另外，生活中如果用硬水洗衣服，钙镁离子会和肥皂反应产生沉淀，使衣服晾晒后变得干硬粗糙，影响洗涤效果。许多家庭使用储水式热水器获得热水。储水式热水器内部有加热棒，加热棒就是用来加热水的。在加热的过程中，如果水中可溶性钙镁化合物过多，也就是水质偏硬，就可能出现结垢的情况，如下图。水垢附着在加热棒上或热水器内，会影响加热效果，浪费电能。工业中长期使用硬水烧水，锅炉中容易产生水垢并积累，而水垢导热性差，如果没有及时清理，容易导致锅炉爆炸，造成生命财产损失。

 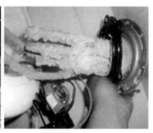

储水式热水器水垢　　　　热水器加热棒上的水垢

 小 文

硬水的危害这么大啊！那我们是不是应该远离硬水，不管做什么都用软水呢？

 化博士

硬水也不是一无是处。水的软硬取决于可溶性钙镁化合物的含量。世界卫生组织（WHO）以"1 L水中的钙离子和镁离子的质量"为标准，对水的硬度进行了如下分类（见下表）。

专家建议饮用硬度在150~450 mg/L的水，这是有利于人体健

康的，因为可以补充人体所需的常量元素：钙元素、镁元素。长期饮用硬度过大的水和过软的水都是不利于健康的。我们的自来水都是经过标准化处理达到饮用标准的硬度适中的水。因此，使用自来水完全不必担心硬水对健康的影响。

水的软硬度分类

分类	软水	中软水	中硬水	硬水
硬度	0~60 mg/L	60~120 mg/L	120~180 mg/L	180 mg/L 以上

注：硬度 =2.5× 含钙量（mg/L）+4.1× 含镁量（mg/L）。

小 文

有什么简单的方法能区别软水和硬水？

化博士

根据软水和硬水中可溶性钙镁化合物的性质，生活中我们可以通过肥皂水区分软水和硬水。具体操作是：取少量水样于烧杯中，加入适量肥皂水，搅拌，若泡沫多、浮渣少则为软水；若泡沫少、浮渣多则为硬水。也可以取一定量水样于蒸发皿中，蒸干，若白色固体残留物多，水样为硬水；反之水样为软水。另外，硬水含有较多的带电离子［钙离子（Ca^{2+}），镁离子（Mg^{2+}）］，导电能力较强。还可以利用 TDS 测试仪对水中溶解物质进行测试。TDS 是总溶解性固体（Total Dissolved Solid）的英文首字母缩写，是指水中总溶解性物质的浓度，主要反映的是水中钙离子（Ca^{2+}）、镁离子（Mg^{2+}）、钠离子（Na^+）、钾离子（K^+）等离子的浓度，与水的硬度、导电率有较好的对应关系。TDS 值越小，对应的水的硬度就越小。

用肥皂水鉴别软、硬水

测试自来水和纯净水的 TDS

 小 文

硬水可以转化为软水吗？

 化博士

　　在生活中，特别是厨房里，我们可以利用煮沸的方式降低水的硬度。在煮沸的过程中，可溶性钙镁化合物会通过化学变化转化为难溶性的钙镁化合物，并沉淀到容器底部或是容器壁，上层的清水就是硬度较小的软水了。实验室可以通过蒸馏的方式（见下图）实现硬水软化：加热硬水，待其达到沸点后，可转化为水蒸气，然后冷凝为液态的水，也就是蒸馏水，它是最软的水了。

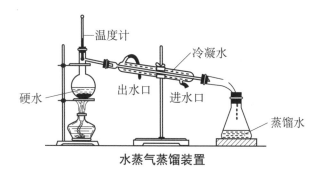

水蒸气蒸馏装置

温度计
冷凝水
出水口
进水口
硬水
蒸馏水

 ## 观察与发现 ❷

　　小文喝完水后，去看爷爷家烧水的水壶，发现里面确实有很多白色固体在壶底。回到自己家，他从水壶倒水喝，并观察了自己家的水壶，发现没有水垢。他问爸爸："为什么我们家的水烧完以后没有水垢？"爸爸说："这是因为我们家里安装了净水器，平时我们喝的都是能够直接饮用的净化水。"于是，小文去厨房看了看自家的净水器。

厨房中的净水器

净水器的净水原理是什么？

　　《城市供水水质标准（CJ/T 206—2005）》对城市供水的水质、水质检验项目及其限值提出了要求。水厂输出的自来水都是符合国家标准的，由于自来水需要经过很多管道才能输送到用户家中，这些管道难免有些不干净的物质或者细菌，会对自来水形成二次污染。一般的加热煮沸能够起到消毒杀菌和降低水硬度的作用。但是随着科学技术的进步和人们对生活品质的追求，净水器开始走进人们的家庭，给人们的生活带来便利，也为人们健康用水提供了保障。目前，净水器的工作原理都是按对水的使用要求对自来水进行深度过滤、净化处理。滤芯是净水装置的核心，一台净水器通常由 PP 棉、活性炭、超滤膜或者反渗透膜这几种滤芯组成。下图是某种净水器工作原理的简易流程图。

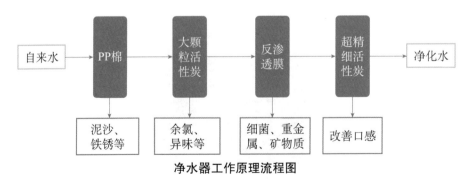

净水器工作原理流程图

通过净水器的工作原理流程图，我发现家用净水器的净水方法与原理和我们实验室净水有很多相似的地方：比如，PP棉滤芯就像我们实验室使用的滤纸，可以过滤掉水中的难溶性杂质；活性炭滤芯则利用它的多孔结构，通过吸附作用除去水中的异味。我不是很了解反渗透膜，从图上看它能除去矿物质，应该就是在降低水的硬度吧？

小文，你很厉害哦，知道将净水器的净水原理和课上学到的内容进行对比。你说得很对，其实净水器就是利用更先进的滤芯材料实现对自来水中物质的分离，除去自来水中的杂质。PP棉、活性炭中的空隙都非常小，只能允许直径小的分子和粒子通过。净水器的反渗透膜的孔径只有0.0001～0.01微米，溶解在水中的绝大部分无机盐，还有其他的重金属、有机物以及细菌、病毒等无法透过反渗透膜，而水分子在增压作用下可以通过反渗透膜进入净水管，成为净化水。经过净水流程净化后的水就可以直接饮用了。

我们课上用的滤纸在过滤后，上面会有一些固体浮渣；活性炭使用以后也会有色素和异味沉积，时间长了会影响吸附效果；新、旧滤芯的外观也不一样，净水器中的滤芯应该也有使用期限吧？

新、旧滤芯

 化博士

　　小文你说得对，净水器中的滤芯都有使用期限的，这个跟滤芯的材料有关，PP棉滤芯的更换时间一般是3～6个月；大颗粒活性炭滤芯的更换时间为6～12个月；反渗透膜滤芯的更换时间会长一些，一般是2～3年；超精细（后置）活性炭滤芯的更换时间一般是1～2年。

观察与发现 ❸

　　小文在观察家里的净水器时，发现当打开水龙头接直饮水时，放在厨房的一个水桶也会同时有水流出。流出的水从外观看，和自来水、纯净水没有什么区别。爸爸告诉小文流入水桶的水是净水器排出的废水。

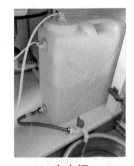

废水桶

 小 文

　　净水器为什么会排出废水呢？

化博士

首先，我们需要弄清楚净水器中核心滤芯反渗透膜的工作原理，它不像我们用滤纸过滤杂质。下图是渗透和反渗透的原理图。

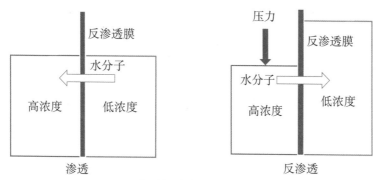

渗透与反渗透原理图

一般的渗透都是溶剂中的水分子从低浓度溶液经过反渗透膜流向高浓度溶液。反渗透是通过给高浓度的溶液施压，让高浓度溶液中的水分子在外力作用下流向低浓度溶液，净水器就是利用反渗透得到纯净水。反渗透膜的工作过程实际上是一个液体浓缩的过程：自来水在通过反渗透膜过滤时，水中的含盐量和渗透压不断增加，当渗透压增加到等于增压泵的压力时，水就无法通过反渗透膜，就会产生所谓的"废水"。另外随着水的净化，高浓度溶液中的无机盐离子、重金属等杂质就会增多，甚至会在反渗透膜表面沉积下来堵塞滤芯的空隙，影响净水的效率。为了避免这种情况发生，机器会自动冲洗滤芯，以保证反渗透膜的清洁。这部分水也和废水一起排出。

产生的废水多吗？这样是不是会造成水资源浪费啊？

不同类型的净水器产生的废水比是不同的。废水比是指产生的纯净水与同时产生的废水的体积的比例，这个比例一般在 1：1 到 1：3。之前，因为产生的废水是不能饮用的，确实会造成一定的浪费。但是这部分废水也是经过前面滤芯过滤的，与普通的自来水相比，废水中的有机物、胶体较少，浊度也低得多，只是含盐量增加了。这部分水如果直接随着下水管排掉就太浪费了，可以将这部分水收集起来用于冲洗马桶、拖地。你们家应该就是把这些水回收再利用了。

观察与发现 ❹

小文自从了解了净水器的相关原理后，对净水器的相关消息就特别关注。小文有一次在新闻中看到一位宋女士为了家人饮水方便，在家里安装了净水器，使用一段时间后，她发现水龙头接出的水中有悬浮物，她找净水器的商家到家查看，发现是连接净水口的管子和废水口的管子安装反了，这段时间宋女士家里饮用的都是净水器里流出的废水。宋女士和家人赶紧去医院检查身体，发现身体并没有什么异样。

化博士

小文，现在是学以致用的时候了，你觉得可以用什么方法来帮助上文中的宋女士检验接出的水的水质情况？

小 文

首先是观察水质，因为净水器净化后的水从外观看应该是清澈无色、无浊物的。除非是盛水的器皿不干净，或者是出水管子不干净。另外也可以通过闻气味判断。净化后的水应该是无味的。我们还可以通过在一个锅中加入少量水并将其蒸干，看有没有较多固体残留。一般废水中固体残留应该更多，而净水是不应该有固体残留的。

化博士

小文分析得很好，可以根据水中可能存在的杂质的性质对水质进行检验。水是维持我们人类生命的重要物质之一，我们每个人每天都需要补充一定量的水分，有的可以从食物中获取，但更多的是通过饮用水补充。我们国家的淡水资源还是比较贫乏的，另外因为工业污水排放、农业化肥农药的使用和城市污水排放，我们的水资源也面临污染。所以，一方面我们要节约用水，减少污染；另一方面要利用化学知识和科学方法对水质进行检测和净化。

随着生活水平的提高，家庭对于饮用水的选择也越来越多——可以自己安装净水器，也可以直接煮沸饮用，有的还会选择桶装水或者矿泉水，有的社区也提供直饮水。人们可以根据不同的口感偏

好和需要选择适合自己的水。对于饮用水要注意用水安全和健康，当感觉到水质有问题时，应进行必要的检测后再决定是否饮用。

生活中的水可以根据可溶性钙镁化合物的多少分为硬水和软水。

通过肥皂水可进行简单的软水和硬水的定性鉴别。将肥皂水倒入水中，产生的浮渣多、泡沫少的是硬水。硬水在生活中使用时会有很多的缺点，如洗衣服时，会产生更多的浮渣，衣服会变得干涩粗硬。

生活中可以通过加热煮沸的方式降低水的硬度。实验室一般用蒸馏的方式将硬水转化为软水。

厨房净水器中的 PP 棉、活性炭、反渗透膜等滤芯主要是根据水中杂质颗粒或微粒的大小利用具有不同空隙的材料对自来水进行深度净化，除去自来水中的铁锈、泥沙、细菌、病毒等杂质，还能降低水的硬度，使生活中饮水更便捷、更健康。

知识链接

常见的净水方法有沉降、过滤、吸附、杀菌消毒、煮沸、蒸馏。含有较多可溶性钙镁化合物的水是硬水，不含或含有较少可溶性钙镁化合物的水是软水。可以用肥皂水区别硬水和软水：往硬水中滴入肥皂水，振荡，泡沫少，浮渣多；往软水中滴入等量的肥皂水，振荡，泡沫多，浮渣少。实验室通过蒸馏的方法将硬水转化为软水，

生活中通过煮沸的方式降低水的硬度。

 真题实战

1. 自来水厂净水过程示意图如下，请回答：

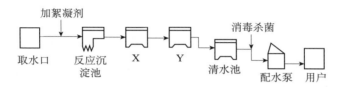

（1）自来水厂净水过程示意图中 X 和 Y 处应该依次设置
（　　　）。

　　A. 活性炭吸附池和过滤池　　　B. 沉淀池和过滤池

　　C. 活性炭吸附池和沉淀池　　　D. 过滤池和活性炭吸附池

（2）若从取水口中进入的是硬水，经过几步净化之后，到清水
池中的水应该是　　　　　　　　（填"硬水"或"软水"），同学们可以
加入　　　　　　　来判断。

（3）若是在实验室里完成过滤操作，下列说法不正确的是
（　　　）。

　　A. 滤纸应该低于漏斗边缘

　　B. 玻璃棒搅拌能够加快液体的过滤速率

　　C. 滤纸没有紧贴漏斗会影响过滤速率

　　D. 过滤能够除去水中的颜色和气味

　　E. 过滤后仍浑浊，可重新过滤

　　F. 漏斗下端应紧靠烧杯内壁

答案:

（1）D

（2）硬水　肥皂水

（3）BD

解析:

（1）过滤池除去的是难溶性杂质，活性炭吸附池除去的是可溶性色素、异味。难溶性杂质一般是颗粒物，可溶性色素和异味多是有机大分子微粒。净化水时，先除去难溶性杂质，再除去可溶性杂质。根据图示可知 X 在 Y 前，所以 X 处是过滤池，Y 处是活性炭吸附池。答案选 D。

（2）如果取水口的水是硬水，说明水中含有较多的可溶性钙镁化合物，即含钙离子、镁离子。它们是非常小的微观粒子，可以和水分子一起经过絮凝剂反应沉淀池，再通过过滤池和活性炭吸附池，进入清水池，因此清水池中的水依然是硬水。如果要通过实验方法进行检验和判断，可以从清水池中取水样，加入少量肥皂水，振荡，如果有大量浮渣，泡沫很少，则是硬水。

（3）实验室的过滤操作是初中化学非常重要的基本实验操作。其操作图示如右图，过滤操作的核心要点有"一贴""二低""三靠"。"一贴"是指滤纸紧贴漏斗内壁，这样可以排净滤纸和漏斗间的空气，使液体顺畅流下，若滤纸没有紧贴漏斗内壁，则会影响过滤速率，因此 C 中说法正确。"二低"是指滤纸低于漏斗边缘，防止液体流出，液面低于滤纸边缘，防止液体流入滤纸和漏斗缝隙，影响过滤效果，因此 A 中说法正确。"三靠"是指上面烧杯紧靠玻璃棒，玻璃棒紧靠三层滤纸处，漏斗下端紧靠下面烧杯的内壁，其中玻璃棒的作用是引流，因此 B 中说法错、F 中说法正确。另外，如果用玻璃棒去搅拌液体，很容易将滤纸戳破，影响过滤效果。过滤是除去水中难溶性杂质，不能除去色素和异味，因此 D 中说法错。如果过滤后发现滤液仍浑浊，则需要再次过滤，因此 E 中说法正确。

2.［2021 北京中考，38］硬水加热时易产生水垢，很多工业用水需要对硬水进行软化处理。请利用 1.5% 的肥皂水比较水的硬度。

【查阅资料】硬水含有较多的可溶性钙镁化合物；软水不含或含有较少的可溶性钙镁化合物。

Ⅰ. 探究水的硬度、肥皂水的用量与产生泡沫量的关系

【进行实验】向蒸馏水中加入 $CaCl_2$ 和 $MgCl_2$ 的混合溶液，配制两种不同硬度的硬水。

用蒸馏水和两种硬水完成三组实验，记录如下：

组别	第 1 组			第 2 组			第 3 组		
实验操作									
实验序号	①	②	③	④	⑤	⑥	⑦	⑧	⑨
混合溶液用量 / 滴	0	0	0	1	x	1	2	2	2
肥皂水用量 / 滴	5	10	20	5	10	20	5	10	20
产生泡沫量	少	多	很多	无	少	多	无	无	少

【解释与结论】

（1）对比②和⑧可知，肥皂水能区分软水和硬水，依据的现象是＿＿＿＿。

（2）设计第2组实验时，为控制水的硬度相同，⑤中对应的 x 应为＿＿＿＿。

（3）设计第2组实验的目的是＿＿＿＿。

（4）由上述三组实验得到的结论是＿＿＿＿。

Ⅱ. 比较不同水样的硬度

【进行实验】用四种水样完成实验，记录观察到泡沫产生时所需肥皂水的用量。

实验操作	水样	肥皂水用量（滴）
肥皂水 ↓ 5 mL 水样	市售纯净水	2
	煮沸后的自来水	6
	自来水	9
	湖水	14

【解释与结论】

（5）硬度最大的水样是＿＿＿＿。

（6）由上述实验可知，能将自来水硬度降低的方法有＿＿＿＿。

（7）继续实验，发现山泉水的硬度大于自来水的硬度，其实验方案为＿＿＿＿。

答案：

（1）②中产生的泡沫量多，⑧中无泡沫

（2）1

（3）探究水的硬度相同时，肥皂水的用量与产生泡沫量的关系

（4）其他条件相同，当水的硬度相同时，肥皂水量越多，产生的泡沫越多；其他条件相同，当肥皂水用量相同时，水的硬度越小，产生的泡沫越多

（5）湖水

（6）煮沸

（7）取 5 mL 山泉水置于试管中，滴加 1.5% 的肥皂水，观察到泡沫产生时所需肥皂水的滴数大于 9 滴

解析：

（1）分析实验②⑧中的数据可以得出实验②中的水是软水，实验⑧中的水是硬水。题目要求结合实验现象回答，所以答案就是实验②⑧中的具体实验现象，即②中产生泡沫量多，⑧中无泡沫。

（2）根据对比实验唯一变量原则确定数值；为控制水的硬度相同，就需要向 5 mL 蒸馏水中滴加相同滴数的混合液，所以答案是 1。

（3）根据第 2 组实验中的数据分析，该实验中水的硬度相同，滴入的肥皂水量不同，因此该实验的目的是研究水的硬度相同时，肥皂水的用量与泡沫多少的关系。

（4）该题目问的是以上三组实验的结论。我们首先可以从三组实验的目的分析，三组实验研究的是水的硬度和肥皂水的用量与产生泡沫多少的关系，因此得出的结论中需要包含两个变量与泡沫多少的关系。对比实验①②③或实验④⑤⑥，可以得出当水的硬度相同时，肥皂水量越多，泡沫越多；对比实验①④⑦或实验②⑤⑧或实验③⑥⑨，可以得出当肥皂水滴数相同时，水的硬度越大，产生的泡沫越少。最后在作答时，还需要把实验中其他变量控制住，因

此答案是：其他条件相同，当水的硬度相同时，肥皂水量越多，产生的泡沫越多；其他条件相同，当肥皂水用量相同时，水的硬度越小，产生的泡沫越多。

（5）该题需要结合前面的实验结论，分析实验数据，当出现泡沫时，需要的肥皂水滴数越多，说明水的硬度越大。在其他条件相同时，湖水中出现泡沫需要的肥皂水最多，说明湖水的硬度最大。

（6）根据实验信息分析，当其他条件相同时，自来水出现浑浊时所需的肥皂水滴数是9滴，但是煮沸的自来水出现浑浊时所需的肥皂水滴数是6滴，说明煮沸的自来水的硬度小。因此可以通过煮沸的方式降低自来水的硬度。

（7）该题是根据实验结论写实验方案。通过实验结论可以得知山泉水的硬度比自来水大。实验中需要将山泉水的硬度与自来水的硬度进行比较。根据题目已有的实验方案，我们可以将实验中的自来水换成山泉水，保持其他条件不变，进行相同的实验，观察并记录出现泡沫时的肥皂滴数，其滴数应该大于9滴。因此该实验方案需要仿照上面实验进行，需要控制变量，即取5 mL山泉水置于试管中，滴加1.5%的肥皂水，观察到泡沫产生时所需肥皂水的滴数大于9滴。

（张晨晓）

5 做一道美味的糖醋鱼

❓ 糖醋鱼可以为人体提供哪些营养?

❓ 做糖醋鱼时应该选择什么材质的锅具?

❓ 使用油污净时为什么要戴手套?

 观察与发现 ❶

小文的妈妈晚上加班,他向爸爸提议:"今天的晚餐我们一起完成吧,妈妈最喜欢吃糖醋鱼了,我们一起做一道美味的糖醋鱼,给妈妈一个惊喜吧!"爸爸说:"这个提议非常不错。"于是,小文和爸爸一起去了趟菜市场,购买并准备了烹饪糖醋鱼所需要的食材:

糖醋鱼食材

石斑鱼、青椒、胡萝卜、鸡蛋、大葱、姜、蒜、生抽、料酒、猪油、白砂糖、食醋、食盐、淀粉、番茄酱、植物油和水。

小 文

听说糖醋鱼营养又美味,这道糖醋鱼中含有哪些营养素呢?

化博士

人体必需的六大营养素为糖类、油脂、蛋白质、水、无机盐和维生素。糖醋鱼的食材中,石斑鱼和鸡蛋中富含蛋白质,白砂糖和淀粉属于糖类,猪油和植物油属于油脂,青椒和胡萝卜等蔬菜中富含维生素,食盐属于无机盐,再加上水,糖醋鱼可以全面地为人体提供六大营养素,确实是营养价值很高的食物。

 观察与发现❷

小文和爸爸备好食材后,准备开始烧鱼,但是很快遇到了一个难题:厨房里有很多锅,如铁锅、铝锅、陶瓷锅等,做糖醋鱼应该用哪种锅比较合适呢?

铝锅

陶瓷锅

铁锅

厨房中的常见锅具

铁锅、铝锅和陶瓷锅分别由哪种材料制成？

日常生活中我们制造锅所使用的材料主要有有机合成材料、金属材料和无机非金属材料等。铁锅的主要成分为生铁，生铁为铁（Fe）和碳（C）的合金，属于金属材料。铝锅的主要成分为铝（Al），也属于金属材料。陶瓷锅主要含有二氧化硅（SiO_2）、氧化铝（Al_2O_3）和氧化镁（MgO）等，属于无机非金属材料。

铁锅、铝锅和陶瓷锅有哪些优缺点呢？

铁锅和铝锅的主要成分为金属，金属具有良好的导热性和延展性，因此铁锅和铝锅的受热速度快，锅体韧性较好，不易碎，这是铁锅和铝锅的优点。铁和铝均属于活泼金属，铁锅容易在潮湿环境下锈蚀，这是铁锅的缺点，但是铝锅的抗腐蚀性能很好。陶瓷锅的导热性不如金属，质地硬而脆，容易碎，这是它的缺点。

小 文

铁和铝都是活泼金属，为什么铁锅容易锈蚀但是铝锅的抗腐蚀性能却很好呢？

化博士

铝的化学性质虽然活泼，但是其在常温下能与空气中的氧气生成致密的氧化铝膜，保护内部的金属铝，因此铝锅具有很好的抗腐蚀性能。铁在潮湿的环境中容易与氧气和水发生化学反应，生成主要成分为氧化铁（Fe_2O_3）的铁锈，铁锈的结构疏松，不能将铁与氧气和水隔绝，因此铁制品可以完全锈蚀掉。

小 文

我明白了。铁和铝这么活泼，烹饪糖醋鱼的过程中会加入食醋，食醋会与铁锅和铝锅发生反应吗？

化博士

铁和铝均属于活泼金属，能与酸发生化学反应，生成金属盐和氢气。食醋中含有醋酸，确实会与铁和铝发生化学反应。铁和醋酸发生化学反应，产生的微量亚铁离子（Fe^{2+}）可以为人体补充铁元素，有益于身体健康。但是铝和醋酸反应生成的铝离子（Al^{3+}）对人体有害，因此铝锅不适合烹饪酸性食物。

原来是这样，这样看来铁锅比较适合烹饪糖醋鱼。

 观察与发现 ❸

　　小文和爸爸拿出铁锅，起锅烧油，中火将油烧至七成热时，将鱼均匀地裹上蛋糊，入油炸至金黄色捞出，然后沥去油分，摆入盘中。锅内留少许油，放入姜丝煸炒几下，依次加入食醋、白砂糖、番茄酱、食盐和清水，搅动几下，再加入湿淀粉将上述食材调成糖醋汁，迅速淋在炸好的鱼上，美味的糖醋鱼就做好啦！

糖醋鱼

　　在炸鱼的过程中，很多油滴溅落到了灶台上，小文看到爸爸戴上手套，喷了一些油污净清洁灶台。

　　使用油污净时为什么要戴手套呢？

油污净中含有强碱性物质氢氧化钠（NaOH），氢氧化钠具有腐蚀性，戴上手套可以防止其腐蚀皮肤。

油污净

我想验证一下油污净的酸碱性，有哪些方法？

化学上可以通过加入酸碱指示剂来判断物质的酸碱性，常见的酸碱指示剂有石蕊和酚酞。紫色石蕊遇到酸性物质会变为红色，遇到碱性物质会变为蓝色。无色酚酞遇到碱性物质会变为红色。也可以用试纸测定油污净的 pH 值。实验方案如下表所示。

判断油污净的酸碱性实验方案

方案	实验操作	现象	结论
方案1	取少量油污净置于试管中，加入紫色石蕊溶液	溶液变蓝	呈碱性
方案2	取少量油污净置于试管中，加入无色酚酞试液	溶液变红	呈碱性
方案3	用玻璃棒蘸取少量油污净，点在 pH 试纸上，与标准比色卡比较	pH＞7	呈碱性

化学世界中的变色龙——酸碱指示剂

变色龙因其善于随着环境的变化而改变自己身体的颜色而得名，

人们常常认为变色龙变色是为了伪装自己，便于捕食和躲避天敌。其实变色龙身体颜色的变化同时也是变色龙心情状态的反映，以及它们之间互相传递信息的方式。变色龙身体颜色的改变主要受

变色龙

温度、光线及自身情绪的影响，比如心情平静时皮肤为蓝色，而兴奋时皮肤为黄色。

化学世界中也有这样的"变色龙"——酸碱指示剂。这是一类随着溶液酸碱性不同而呈现不同色彩的物质的总称。常见的酸碱指示剂有石蕊和酚酞两种，它们的变色效果不同。石蕊是一种地衣类植物，人们从石蕊中提取出石蕊色素制成了石蕊试液。石蕊试液本身是紫色的，其与酸性物质接触时会呈现红色，而与碱性物质接触时则呈现蓝色。对于酚酞而言，它本身是无色的，与酸性物质接触时不变色，与碱性物质接触时呈现红色。

酸碱指示剂

哇，太神奇了！生活中还有其他像石蕊这样的植物，可以做酸碱指示剂吗？

生活中有许多花瓣或果实的汁液就是变色效果非常好的指示剂。

指示剂

英国科学家波义耳就是在一次偶然的机会下，观察到蘸有浓盐酸的紫罗兰花瓣在水的冲洗下会变为红色，从而发现指示剂的。蓝紫色的夏槿花浸泡在氢氧化钠溶液中，花瓣会渐渐变黄，而浸泡在盐酸中，花瓣会慢慢变红。

如果将紫甘蓝捣烂后用水浸泡，过滤后得到的汁液就是一种新的指示剂了，它在酸性环境下显红色，在碱性环境下显绿色。

小　文

太棒了！我要去用紫甘蓝自制一瓶指示剂，检验一下油污净的酸碱性。

我知道了

人体必需的六大营养素包括糖类、油脂、蛋白质、水、无机盐和维生素，糖醋鱼中包含这六大营养素，富含蛋白质，是一道美味又有营养的佳肴。

铁锅的主要成分为铁碳合金。铁是一种活泼金属，烹饪糖醋鱼时使用了食醋，食醋中含有醋酸，能与铁锅发生反应，产生的微量亚铁离子可以为人体补铁，且铁锅导热性好，适合作为烹饪糖醋鱼的锅具。

油污净中含有强碱性成分，具有一定的腐蚀性，使用时应该戴好手套，防止腐蚀皮肤。可以采用石蕊和酚酞等酸碱指示剂和pH试纸检验溶液的酸碱性。

 知识链接

（1）基本营养素包括蛋白质、糖类、油脂、维生素、无机盐和水六大类。

（2）很多金属都能与氧气、盐酸、稀硫酸等发生反应，但反应的难易和剧烈程度不同。

（3）酸碱指示剂与酸性溶液或碱性溶液作用会显示不同的颜色。例如，紫色石蕊溶液遇酸性溶液变成红色，遇碱性溶液变成蓝色；无色酚酞溶液遇酸性溶液不变色，遇碱性溶液变成红色。

真题实战

1.［2022北京中考，28］周末，雯雯同学为家人做午餐。购买的食材有土豆、油菜、西红柿、牛肉、鸡蛋，其中富含蛋白质的是＿＿＿＿＿＿＿。

答案：牛肉、鸡蛋

解析：题目考查食物中的营养素。土豆富含淀粉，淀粉属于糖类。油菜和西红柿属于蔬菜，富含维生素。牛肉和鸡蛋富含蛋白质。

2.［2021北京中考，33］用下图实验（夹持仪器已略去）研究铁的性质。

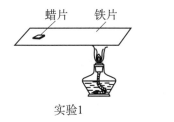

实验1   实验2

（1）实验1，观察到蜡片熔化，说明铁具有的性质是

_____。

（2）实验2，反应的化学方程式为_____。

答案：

（1）导热性

（2）$Fe+2HCl\!\!=\!\!=\!\!=FeCl_2+H_2\uparrow$

解析：

（1）题目考查金属的物理性质。蜡片熔化，说明铁具有导热性。

（2）题目考查金属的化学性质，活泼金属可以与酸反应。根据金属活动性顺序表，铁位于氢前，和稀盐酸反应会生成氯化亚铁和氢气。

3.［2021北京中考，35］用下图装置研究酸、碱的性质。

澄清石灰水　　稀盐酸

（1）向2、3中滴加无色酚酞溶液，溶液变红的是_____
（填序号）。

答案：2

解析：题目考查酸、碱与酸碱指示剂的作用。2中澄清石灰水的主要成分为氢氧化钙，溶液显碱性，酚酞遇碱性溶液变红。3中稀盐酸显酸性，酚酞遇酸性溶液不变色。

（丁晓新）

6　巧用厨房中的盐

❓ 你家的厨房中有哪些盐类物质呢？

❓ 典型的盐类物质能发生哪些化学反应？

❓ 盐类物质的性质和什么有关呢？

❓ 这些化学反应在生活中有什么用？

 观察与发现❶

小文在整理换季衣服的时候，发现有一件自己很久没有穿过的衬衫领口处发黄了。他很喜欢这件衬衫，不舍得扔掉，就跑去找妈妈求助。妈妈说："你去厨房把那袋爆炸盐拿过来，我们洗一下就好了。"他仔细查看了爆炸盐的包装袋，上面写着主要有效成分是过氧碳酸钠（也称过碳酸钠，$2Na_2CO_3 \cdot 3H_2O_2$，或 Na_2CO_4）。小文非常惊讶，他一直以为盐指的就是食盐。

　小　文

"盐"和食盐到底是什么关系呢？

"盐"指的是一类物质。食盐只是"盐"的一种，也就是氯化钠（NaCl）这种物质，食盐属于盐。

还有哪些物质也是盐呢？

我们一般把由金属阳离子［如钠离子（Na^+）、镁离子（Mg^{2+}）、铝离子（Al^{3+}）等］或铵根离子（NH_4^+）和酸根阴离子［如氯离子（Cl^-）、硫酸根离子（SO_4^{2-}）、碳酸根离子（CO_3^{2-}）等］组成的化合物统称为盐。

在厨房中有没有除了氯化钠以外的"盐"存在？它们的存在都有什么用呢？

根据"盐"这一类物质的定义，我们就可以在厨房中找找看了。

厨房中常用来发面的食用碱包装袋上写着它的主要成分是碳酸钠（Na_2CO_3），从组成上我们就能确定它是一种盐。碳酸钠俗称纯碱或苏打。在做馒头等发面食品时，由于面粉在发酵过程中会产生乳酸等酸性物质，加入食用碱不仅可以中和酸性物质，改善口感，同时会通过反应产生二氧化碳气体，使馒头变得疏松多孔，松软可口。

食用碱
（碳酸钠）

小苏打是碳酸氢钠（$NaHCO_3$）的俗称，它也是一种盐，它可以在做面包等烘焙类食品时作为膨松剂使用。泡腾片中就含有碳酸氢钠，放入水中后，碳酸氢钠会与柠檬酸（$C_6H_8O_7$）反应，产生二氧化碳。

食用小苏打
（碳酸氢钠）

按照这个办法，我们可以先查看一些在厨房中经常使用的产品的包装袋，看它的主要成分或者配料表。厨房里盐的存在真的是非常广泛，几乎我们能找到的包装袋配料表里都有盐类物质。自然界中也有很多天然的盐类物质。比如我们看到的厨房台面通常是大理石或石灰石岩板，它们的主要成分是碳酸钙，一种碳酸盐。由于碳酸盐能与酸发生反应，所以大理石建筑和雕塑都会被酸雨腐蚀。我们在化学实验室里，也是利用大理石与酸反应，来制取二氧化碳。顺便说一句，鸡蛋壳的主要成分也是碳酸钙。

 观察与发现 ❷

自从化博士对小文提到碳酸钙可以用来制取二氧化碳之后，小文就一直在查找资料，想知道盐类物质都能和什么物质发生反应。

他发现，泡腾片中的碳酸氢钠如果换成食用碱或者大理石（碳酸钙，$CaCO_3$），也可以和柠檬酸反应放出气泡；氯化钠只有和硝酸银（$AgNO_3$）在一起的时候才能产生沉淀；硫酸铜（$CuSO_4$）和氢氧化钠在一起的时候会产生蓝色沉淀，但是和氯化钡（$BaCl_2$）产生的沉淀却是白色的……发现不同的盐能发生这么多各式各样的化学反应让小文非常兴奋，但是同时他也因为一直找不到其中的相同点或者反应的规律而有些焦虑。小文只好又找到化博士求助，向他描述了自己的发现，希望他能帮助自己找到盐类物质在化学性质上的共同点或者反应规律。

为什么感觉盐的性质特别多？我想总结出规律却不知道从哪里下手。

因为盐是一大类物质，它们的组成中阴阳离子各不相同，所以 Na^+ 和 Mg^{2+} 两种阳离子以及 Cl^- 和 SO_4^{2-} 两种阴离子也能产生四种不同的简单盐（还不包括由多种阴阳离子组成的情况）。

每种盐的组成都不同，这就意味着它们必然具有不同的化学性质。

那是不是说，如果有的盐有相同的组成就可能有相同的性质呢？

化博士

是的，就像你查到的资料里所说的，碳酸钙和碳酸钠都可以和盐酸、硫酸反应产生二氧化碳。反应的化学方程式如下：

$$CaCO_3 + 2HCl === CaCl_2 + H_2O + CO_2\uparrow$$

$$CaCO_3 + H_2SO_4 === CaSO_4 + H_2O + CO_2\uparrow$$

$$Na_2CO_3 + 2HCl === 2NaCl + H_2O + CO_2\uparrow$$

$$Na_2CO_3 + H_2SO_4 === Na_2SO_4 + H_2O + CO_2\uparrow$$

根据以上四个方程式，可以发现它们的反应是有相似性的。我们选择的是带有同一种酸根——CO_3^{2-} 的盐，也可以称它们为碳酸盐，酸也有相同的 H^+。因此我们可以总结出一个通式：

$$碳酸盐 + 酸 === 新盐 + H_2O + CO_2\uparrow$$

碳酸盐和酸反应产生二氧化碳和水以及一种新的盐。如果通式成立的话，我们选择完全不同的碳酸盐和酸也应该能产生相似的反应。像我之前提到过的泡腾片中碳酸氢钠和柠檬酸也可以反应产生气泡。

小　文

我懂了，因为碳酸盐的组成中有相同的 CO_3^{2-}，而酸中有相同的 H^+，所以它们相遇必然能反应，产生的其中一种物质就是二氧化碳。不同的碳酸盐有不同的阳离子，那么它们是不是也一定会有一些不同点呢？

化博士

你说得很对。碳酸钠易溶于水，而碳酸钙很难溶于水，这样物理性质上的差异就和它们组成中相同的 CO_3^{2-} 关系不大了，势必与阳离子——Na^+ 和 Ca^{2+} 的性质有关。

	Na₂CO₃	CaCO₃
形态	白色晶体	白色固体
溶解性	易溶于水	难溶于水
与酸反应	都能与酸反应放出二氧化碳	

碳酸钠和碳酸钙的性质

因此，盐具有相同的组成就可能会有相似的性质，当它们有不同的组成就各自保留各自的性质。

小 文

碳酸盐可以与酸反应产生二氧化碳的这个性质有什么用呢？

化博士

因为碳酸盐和酸反应可以产生二氧化碳，所以当家庭中做馒头的时候，如果馒头有酸味，就可以放一些纯碱或者小苏打，这样做一方面可以反应掉一部分酸，中和其中的酸性，另一方面产生的二氧化碳让馒头变得更加暄软、增加风味口感。

还可以利用这个性质制作泡腾片、气泡水或者碳酸饮料等。我还见到过有一种养生药膳叫醋蛋——把鸡蛋泡在米醋里直到去掉鸡蛋的外壳，食用时用筷子将它挑破，用开水冲服，据说有健脑益智的功效。这是因为醋里面含有醋酸（CH_3COOH），而鸡蛋壳的主要成分是碳酸钙。

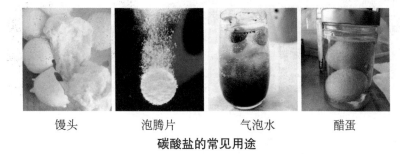

| 馒头 | 泡腾片 | 气泡水 | 醋蛋 |

碳酸盐的常见用途

考虑到碳酸盐和酸反应可以产生二氧化碳，在家庭中应避免二者接触。比如应尽量避免厨房的大理石（碳酸钙，$CaCO_3$）台面和酸性物质接触。

观察与发现 ③

受到启发的小文继续查阅资料，他发现水垢中有碳酸钙和氢氧化镁 $[Mg(OH)_2]$，而它们都可以和酸反应。

$$CaCO_3 + 2HA = CaA_2 + H_2O + CO_2\uparrow$$

$$Mg(OH)_2 + 2HA = MgA_2 + 2H_2O$$

其中，HA 代表酸，A 为酸根。

小文想到用醋应该可以除去水壶中的水垢，家里能找到的最合适的就是白醋，白醋比米醋醋酸含量高，酸性也更强。他往水壶中加

入白醋后，浸泡了一晚上，然后用水冲洗，结果发现好像并没有他想得那么干净。

清洗前　用白醋清洗　用除垢剂清洗

使用白醋和除垢剂清洗水壶中的水垢

爸爸看小文一筹莫展，就拿来了家里洗碗机使用的除垢剂，对他说："用这个除垢剂吧。按照它的使用说明，温水浸泡半小时就可以了。"小文按照爸爸说的尝试了一下，确实清洗得非常干净。

小　文

为什么酸没有像我想象的那样把所有的水垢沉淀都溶解掉？

化博士

因为水垢中除了碳酸钙和氢氧化镁之外还有大量的硫酸钙（$CaSO_4$），而硫酸钙是不能与酸发生反应的。

小　文

除垢剂又是怎么除掉硫酸钙沉淀的呢？

我们可以看看除垢剂的成分表中有哪些物质可能参与了除垢过程。

主要成分：

碳酸钠 40%～50%

硫酸钠 20%～30%

二碳酸钠 15%～20%

PEG-400 10%～20%

膦酸钠盐 10%～20%

柠檬酸 5%～10%

过氧化氢钠单硫酸钠 1%～5%

除垢剂

除垢剂的主要成分

注：图中百分比之和大于100%，原图如此。

除垢剂中确实也使用了酸——柠檬酸，它的酸性比醋酸更强。这应该是它除垢效果更好的原因之一，但是柠檬酸仍然不能和硫酸钙反应。而成分表中含量最高的物质是碳酸钠。如果是碳酸钠和硫酸钙反应了，我们就能猜到生成物了，是硫酸钠和碳酸钙。硫酸钙微溶于水，而碳酸钙是一种更难溶于水的物质，这是一个微溶物质向难溶物质转化的过程。

$$Na_2CO_3 + CaSO_4 === CaCO_3 + Na_2SO_4$$

微溶于水　　难溶于水

通过这样的转换，我们就明白除垢剂效果更好的原因了。

 我知道了

食盐只是盐的一种。盐类物质非常多，不同的阴阳离子能组成完全不同的盐。

家中的厨房中除了食盐，还有碳酸钠、碳酸氢钠、碳酸钙等盐类物质。我们在各种商品的配料表中都能看到很多种盐。

以碳酸钠和碳酸钙为例，所有由碳酸根组成的盐都能和酸反应，这跟它们拥有共同的碳酸根离子有关，而它们性质的不同是因为它们的组成中有不同的阳离子。

可以利用碳酸盐和酸的反应来发面蒸馒头、制作气泡水等，也可以用来除水垢。

知识链接

即使是经过充分过滤的水（如自来水），也还有许多可溶性的杂质（主要是可溶性的钙、镁离子），这样含有较多可溶性钙、镁化合物的水叫作硬水。长期饮用硬水，容易造成胃肠功能紊乱而导致腹泻，并导致泌尿系统的结石发生率上升。煮沸是将硬水软化的最常见手段，经过煮沸水中的可溶性钙、镁离子将会以水垢的形式留在水壶里，因此烧水壶也需要进行定期除垢。

因为水垢的主要成分是碳酸钙（沉淀）和氢氧化镁（沉淀），因此少量的水垢可以用酸性物质洗涤除去。最常用的酸性除垢剂中的主要成分是柠檬酸——通过将碳酸钙和氢氧化镁重新转化成可溶性的钙、镁离子后将水垢除去。

但是只有柠檬酸的除垢剂对于以硫酸钙为主要成分的顽固性水垢无法起到明显效果,可以先将硫酸钙沉淀转化成更难溶的碳酸钙沉淀,再使之与酸反应将其除去。因此强效除垢剂中通常含有碳酸钠或过碳酸钠。

相比碳酸钠,过碳酸钠会和水反应生成碳酸钠和过氧化氢,过氧化氢又会缓慢分解产生氧气(加热会加快反应速率)。过氧化氢对于细菌及其分泌物等有机物也有极强的杀灭效果,产生的氧气又因为气泡的作用会起到类似于微"搅拌"的作用,使除垢的过程更快、更充分。因此过碳酸钠的除垢效果比碳酸钠还要好。

 **真题实战**

1.[2022北京朝阳中考一模,37]化学小组对市售茶垢清洁剂进行如下探究。

【查阅资料】

① 使用方法:将茶垢清洁剂粉末倒入容器中,加入 50℃～70℃ 的水,浸泡 10 分钟,用清水冲洗即可。

② 过碳酸钠是常用的洗涤助剂。它是白色固体,溶于水时分解生成碳酸钠和过氧化氢。

实验 1:验证茶垢清洁剂的主要成分是过碳酸钠

【进行实验】在分液漏斗 a 中加入新配制的茶垢清洁剂的饱和溶液。

实验装置	实验步骤	实验现象	实验结论
	Ⅰ.打开分液漏斗 a 的活塞，加入适量溶液后，关闭活塞，然后＿＿＿。	产生大量气泡，带火星的木条复燃。	茶垢清洁剂的主要成分是过碳酸钠。
	Ⅱ.待Ⅰ中反应停止后，打开分液漏斗 b 的活塞，加入适量溶液后，关闭活塞，将生成的气体通入澄清石灰水。	产生大量气泡，澄清石灰水变浑浊。	

【解释与结论】

（1）步骤Ⅰ，关闭活塞后进行的实验操作是＿＿＿＿＿，产生大量气泡的化学方程式为＿＿＿＿＿。

（2）步骤Ⅱ，分液漏斗 b 中的液体是＿＿＿＿＿，依据步骤Ⅱ的现象得出的结论是＿＿＿＿＿。

实验 2：探究影响过碳酸钠去茶渍效果的因素

【进行实验】25℃时，取洗碗基料 15 g 于洗碗机中，分别加入不同质量的过碳酸钠，按照不同洗涤模式对具有相同茶渍的茶杯进行洗涤，洗涤后根据去茶渍效果打分，分数越高效果越好，记录如下：

组别	第 1 组（常规洗涤模式）				第 2 组（快洗模式）			
实验序号	①	②	③	④	⑤	⑥	⑦	⑧
过碳酸钠用量 /g	0	1	2	3	0	1	2	3
水的硬度 /mg·kg^{-1}	250	250	250	250	250	250	250	250
pH 值	11	11	11	11	11	11	11	11
去茶渍效果打分	2	5	7	9	2	4	6	8

【解释与结论】

（3）对比②和⑥可知，常规洗涤模式比快洗模式去茶渍效果好，依据是＿＿＿＿＿。

（4）第 1 组实验的目的是＿＿＿＿＿＿＿＿。

（5）生活中碳酸钠也是常用的洗涤剂。继续实验，发现碳酸钠比过碳酸钠的去茶渍效果差，其实验方案是：在 25℃、水的硬度为 250 mg·kg^{-1}、pH 值为 11 的条件下，取洗碗基料 15 g 于洗碗机中，加入 2 g 碳酸钠，＿＿＿＿＿＿＿＿。

答案：

（1）将带火星的木条放在 c 处　　　$2H_2O_2 \xrightarrow{MnO_2} 2H_2O + O_2\uparrow$

（2）稀盐酸（等）　　茶垢清洁剂溶于水生成碳酸钠

（3）常规洗涤模式打分更高

（4）探究常规洗涤模式时，过碳酸钠用量是否影响去茶渍效果

（5）对相同茶渍的茶杯进行常规模式洗涤后，去茶渍效果打分小于 7（或对相同茶渍的茶杯进行快洗模式洗涤后，去茶渍效果打分小于 6）

解析：

（1）根据资料②可知，过碳酸钠溶于水时会产生碳酸钠和过氧化氢。结合步骤Ⅰ的实验现象"产生大量气泡，带火星的木条复燃"，这个现象说明气泡中含有的是助燃剂——氧气，因此实验步骤Ⅰ的操作应该是检验氧气的操作。

反应的本质应为过氧化氢在二氧化锰的催化下分解产生大量氧气的过程。

（2）仍然结合资料②和实验现象"产生大量气泡，澄清石灰水变浑浊"分析，这个现象说明气泡中应该含有二氧化碳气体。分析可知，加入试剂 b 后会有二氧化碳产生，也就是碳酸钠会与试剂 b

反应产生二氧化碳，因此 b 应为一种酸。结合学过的知识，碳酸钠和盐酸反应会生成二氧化碳、水和氯化钠，并且该操作就是用来检测是否含有碳酸根的方法。

结合实验目的，步骤Ⅱ可以证实溶液中有过碳酸钠与水反应产生的碳酸钠。

（3）对比②和⑥可知，过碳酸钠的用量、水的硬度和 pH 值均相同，区别就在于选的是常规洗涤模式还是快洗模式，去渍效果（5＞4）表明常规洗涤模式优于快洗模式。

（4）第 1 组常规洗涤模式中包含①②③④四个实验，对比这四个实验可知，水的硬度和 pH 值相同，因此过碳酸钠用量和去茶渍效果打分呈现因果关系，即控制过碳酸钠用量为实验的单一变量。过碳酸钠用量越大，去茶渍效果打分越高，去渍效果越好。

（5）设计实验是为了证明碳酸钠比过碳酸钠去茶渍效果差，因此变量为物质本身，其他要素保持不变。最终去茶渍效果应受物质本身的变化而改变。根据给出的实验方案，可以确定除物质不同外，其他均与实验③或实验⑦相同，若采用常规模式洗涤（实验③），则加入 2 g 碳酸钠后，去茶渍效果打分小于 7，若采用快洗模式洗涤（实验⑦），则加入 2 g 碳酸钠后，去茶渍效果打分小于 6。

（晁小雨）

7 再谈厨房中的盐

? 盐和食盐有什么不同？

? 你家的厨房中有哪些盐类物质呢？

? 盐类物质可以和哪些物质发生化学反应？

? 什么是复分解反应？

? 复分解反应的规律在生产生活中有什么用？

 观察与发现 ❶

"盐"就是食盐么？

小文同家人吃饭，餐桌上有糖醋排骨、宫保鸡丁、土豆丝等。爸爸突然说："今天的菜有点淡了，再加点盐吧。"妈妈闻言，立即

到厨房里拿了些食盐过来。

盐就是指食盐吗？

在日常生活中，我们说"盐"时，往往就是指食盐。食盐即氯化钠的俗称，但在化学上，盐绝不等于食盐，盐是一类物质，而食盐只是一种物质，食盐属于盐。

什么样的物质属于盐类呢？

从物质的组成上定义，一般把由金属阳离子［如：钠离子（Na^+）、镁离子（Mg^{2+}）、铝离子（Al^{3+}）等］或铵根离子（NH_4^+）和酸根阴离子［如：氯离子（Cl^-）、硫酸根离子（SO_4^{2-}）、碳酸根离子（CO_3^{2-}）、硝酸根离子（NO_3^-）等］组成的化合物称为盐。如下表所示，酸根阴离子与金属阳离子通过交叉组合，都有可能形成不同的盐类物质，所以盐类物质的种类要远多于酸和碱的种类。那是因为酸的阳离子是不变的（都是 H^+），碱的阴离子也是不变的（都是 OH^-）。

常见的盐类物质

金属阳离子	酸根阴离子			
	氯离子（Cl^-）	硝酸根离子（NO_3^-）	硫酸根离子（SO_4^{2-}）	碳酸根离子（CO_3^{2-}）
钾离子（K^+）	氯化钾 KCl	硝酸钾 KNO_3	硫酸钾 K_2SO_4	碳酸钾 K_2CO_3
钠离子（Na^+）	氯化钠 NaCl	硝酸钠 $NaNO_3$	硫酸钠 Na_2SO_4	碳酸钠 Na_2CO_3
钡离子（Ba^{2+}）	氯化钡 $BaCl_2$	硝酸钡 $Ba(NO_3)_2$	硫酸钡 $BaSO_4$	碳酸钡 $BaCO_3$
钙离子（Ca^{2+}）	氯化钙 $CaCl_2$	硝酸钙 $Ca(NO_3)_2$	硫酸钙 $CaSO_4$	碳酸钙 $CaCO_3$
镁离子（Mg^{2+}）	氯化镁 $MgCl_2$	硝酸镁 $Mg(NO_3)_2$	硫酸镁 $MgSO_4$	碳酸镁 $MgCO_3$
亚铁离子（Fe^{2+}）	氯化亚铁 $FeCl_2$	硝酸亚铁 $Fe(NO_3)_2$	硫酸亚铁 $FeSO_4$	碳酸亚铁 $FeCO_3$
铁离子（Fe^{3+}）	氯化铁 $FeCl_3$	硝酸铁 $Fe(NO_3)_3$	硫酸铁 $Fe_2(SO_4)_3$	不存在
银离子（Ag^+）	氯化银 AgCl	硝酸银 $AgNO_3$	硫酸银 Ag_2SO_4	碳酸银 Ag_2CO_3

注：铵盐组成中没有金属阳离子，如氯化铵（NH_4Cl）、硫酸铵 $[(NH_4)_2SO_4]$ 等。

小 文

厨房中除了食盐还有哪些盐类物质呢？

化博士

根据盐类物质的组成特点，我们的厨房中除了食盐，下图中所示物质也属于盐。

Na_2CO_3

NaHCO_3

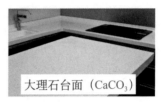

大理石台面（CaCO_3）

厨房中的盐类物质

食用碱的主要成分是碳酸钠，俗称纯碱或苏打，在做馒头等发面食品时，由于面粉在发酵过程中会产生乳酸等酸性物质，加入碱面不仅可以中和酸性物质，改善口感，同时通过反应会产生二氧化碳气体，使馒头变得更疏松多孔，松软可口。小苏打是碳酸氢钠的俗称，由于其受热会分解，产生二氧化碳等气体，所以在做面包等烘焙类食品时，常加入碳酸氢钠。我们常喝的汽水等饮料中也加入了碳酸氢钠。泡腾片之所以放入水中就产生大量气泡，就是放入水中后，泡腾片中的碳酸氢钠与酸性物质反应，产出二氧化碳气体的缘故。大理石或石灰石的主要成分是碳酸钙，碳酸钙是一种碳酸盐。由于碳酸盐能与酸发生反应，所以大理石建筑和雕塑都会被酸雨腐蚀。我们在化学实验室里，也是利用碳酸钙能与酸反应，来制取二氧化碳气体。

 观察与发现❷

小文很喜欢化学，但自从学习了酸、碱、盐，出现了越来越多的化学反应方程式。小文想，我不能用死记硬背的方法来学习，这些反应好像遵循一定的反应规律，如果掌握了这个规律，学习起来就容易了。

小 文

酸、碱、盐之间的反应有什么规律？

化博士

我们学习过的典型的酸、碱、盐有 HCl、H_2SO_4、NaOH、$Ca(OH)_2$、NaCl、Na_2CO_3、$NaHCO_3$、$CaCO_3$，它们之间发生的反应可总结如下图所示。通过这些反应，我们可以梳理出酸、碱、盐之间反应时的物质类别转化规律。

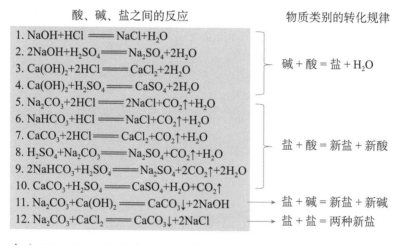

酸、碱、盐之间的反应　　　　　物质类别的转化规律

1. $NaOH+HCl \Longrightarrow NaCl+H_2O$
2. $2NaOH+H_2SO_4 \Longrightarrow Na_2SO_4+2H_2O$
3. $Ca(OH)_2+2HCl \Longrightarrow CaCl_2+2H_2O$
4. $Ca(OH)_2+H_2SO_4 \Longrightarrow CaSO_4+2H_2O$

碱 + 酸 = 盐 + H_2O

5. $Na_2CO_3+2HCl \Longrightarrow 2NaCl+CO_2\uparrow+H_2O$
6. $NaHCO_3+HCl \Longrightarrow NaCl+CO_2\uparrow+H_2O$
7. $CaCO_3+2HCl \Longrightarrow CaCl_2+CO_2\uparrow+H_2O$
8. $H_2SO_4+Na_2CO_3 \Longrightarrow Na_2SO_4+CO_2\uparrow+H_2O$
9. $2NaHCO_3+H_2SO_4 \Longrightarrow Na_2SO_4+2CO_2\uparrow+2H_2O$
10. $CaCO_3+H_2SO_4 \Longrightarrow CaSO_4+H_2O+CO_2\uparrow$

盐 + 酸 = 新盐 + 新酸

11. $Na_2CO_3+Ca(OH)_2 \Longrightarrow CaCO_3\downarrow+2NaOH$ → 盐 + 碱 = 新盐 + 新碱
12. $Na_2CO_3+CaCl_2 \Longrightarrow CaCO_3\downarrow+2NaCl$ → 盐 + 盐 = 两种新盐

在书写以上反应的过程中，我们发现以上反应都遵循一个规律，即反应过程中相互交换成分，生成两种新的化合物，其规律可表示为：

$$AB+CD=AD+CB$$

在化学上，把这样的反应称为复分解反应。是不是酸、碱、盐之间都能发生复分解反应呢？通过实验证实，复分解反应的发生是需要条件的，即酸、碱、盐之间互换成分后，产物中必须有沉淀、气体或水至少一种。复分解反应的规律及其反应条件整理如下图所示。

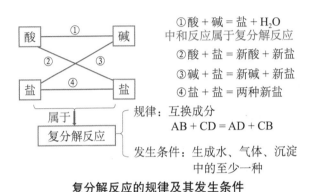

①酸 + 碱 = 盐 + H_2O
中和反应属于复分解反应

②酸 + 盐 = 新酸 + 新盐

③碱 + 盐 = 新碱 + 新盐

④盐 + 盐 = 两种新盐

规律：互换成分
AB + CD = AD + CB

发生条件：生成水、气体、沉淀
中的至少一种

复分解反应的规律及其发生条件

 观察与发现 ❸

小文在寻找厨房中的盐类物质时发现，厨房中的很多盐类物质都是白色粉末，有没有可能分不清楚吃错呢？小文还听说过亚硝酸盐中毒事件。这一天，小文正坐在客厅看电视剧，听到了剧中有这么一段对话：

（病房中，医生手拿化验单）

医生：血液中钡离子严重超标，可以确诊是钡盐中毒造成的低钾血症。

病人：钡是什么东西？

医生：钡是一种金属元素，它本身是没有毒的，但是它的化合物叫硝酸钡，误食后会和胃酸发生反应，形成有毒的氯化钡。

电视剧里演员们说的话科学吗？

我们来了解下钡盐中毒到底是怎么回事。钡盐的毒性来源于可溶性钡盐产生的钡离子（Ba^{2+}）。中毒原理是钡离子改变了细胞膜的通透性，大量钾离子（K^+）进入并滞留于细胞内，导致血液中钾离子浓度偏低，引发低钾血症，这就加重了瘫痪和心律失常的症状。急性钡盐中毒，可能会导致呼吸麻痹或心脏停搏，非常危险。所以我们发现，在这段剧三句台词中，就有两处不科学的地方。

不科学之处一：氯化钡和硝酸钡都是可溶性钡盐，都能产生钡离子（Ba^{2+}），应该都有毒性。

不科学之处二：硝酸钡溶液与胃酸（主要成分是盐酸）互换成分后，没有沉淀、气体或水生成，不能发生复分解反应。

小文同学，看来我们都要好好学化学，不然就可能被一些缺乏科学性的娱乐节目欺骗了。

那么，如果真的不小心误食钡盐中毒了，该怎么办啊？

不要着急，解毒的关键是降低钡离子的浓度。如果将钡离子变

为难溶物质，那么钡离子的浓度就大大降低了。参考物质的溶解性，发现硫酸钡、碳酸钡都是沉淀物，所以从这一点分析，可以服用可溶性的硫酸盐或碳酸盐，如下图中的分析过程。但是由于碳酸盐能与胃酸反应，钡离子浓度不会降低，所以服用含碳酸盐的药物不能起到解毒作用。

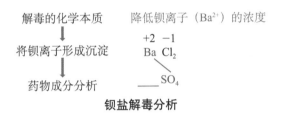

钡盐解毒分析

查阅资料可知，医学实践中确实是依据病人的中毒情况，用含硫酸钠的生理盐水给病人洗胃或静脉注射。

知识链接

做钡餐检查时为什么服用硫酸钡，而不能服用碳酸钡？

钡餐检查是检查消化道疾病的一种常用方法——病人在空腹状态下口服钡餐浓液，然后当钡餐浓液通过食道进入胃的过程中，医生在透视镜下观察食管黏膜以及胃黏膜有没有炎症，有没有充盈缺损等表现，以此来判断食管和胃内是否存在器质性的疾病。钡餐浓液的化学成分一定是硫酸钡，而不能是碳酸钡，因为硫酸钡不能和胃酸反应（思考下为什么）。如果服用碳酸钡，由于碳酸钡遇到

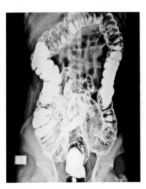

钡餐造影

胃酸能发生复分解反应，产生气体、水和可溶性的氯化钡，即产生有毒的钡离子，就会造成钡盐中毒。

 观察与发现④

小文知道了钡盐有毒后，有些担心：家里厨房中的食盐是否有可能混有钡盐呢？

要回答这个问题，我们就要先了解下食盐是如何进入厨房的。我们每天食用的食盐大多来自海水的蒸发结晶。由于海水中有多种成分，所以结晶后的粗盐中必然有多种杂质，这就需要对食盐进行分离提纯。粗盐中的泥沙等难溶性杂质可以通过过滤而除去，如下图所示。

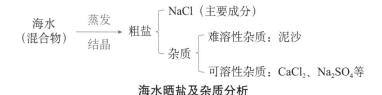

海水晒盐及杂质分析

海水结晶得到的粗盐中混有杂质。难溶性杂质可以通过溶解、过滤、蒸发而除去。那么如何除去可溶性杂质氯化钙和硫酸钠？

对比粗盐中的主要成分和杂质的组成，从离子的角度分析（可溶性盐在水中会发生电离，形成自由移动离子），除去 NaCl 中的 $CaCl_2$ 和 Na_2SO_4 的本质是除去 Ca^{2+} 和 SO_4^{2-}，根据我们所学的复分解反应（属于离子反应）的发生条件，就需要加入能使 Ca^{2+} 和 SO_4^{2-} 形成沉淀的物质，然后过滤分离。其分析过程如下图所示，所加试剂为碳酸钠和氯化钡溶液。

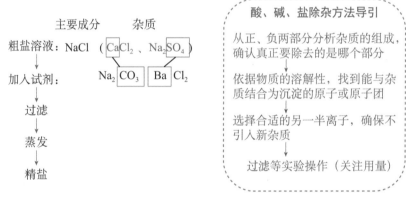

粗盐中可溶性杂质去除分析

哎呀，如果氯化钡加多了，那不是就造成食盐中含有钡盐了吗？

嗯，是个好问题。对于这个问题，我们可以通过控制加入试剂

的先后顺序来解决。你认为碳酸钠和氯化钡应该谁先加谁后加呢?

小 文

根据复分解反应的发生条件,应该是先加入过量的氯化钡,后加入过量的碳酸钠,这样就可以用碳酸钠除去多余的氯化钡,就不会造成钡盐中毒了。

化博士

非常正确,看来你是真的学会了,能利用复分解反应的规律灵活解决实际问题了。

我知道了

原来盐和食盐是不同的,盐是一类物质,而食盐只是一种盐。

盐类物质的组成特点(阴、阳离子可以互换)决定了自然界中有大量的盐类物质。厨房中除了食盐还有碳酸钠、碳酸氢钠、碳酸钙等盐类物质。

盐与酸、碱、盐接触都有可能发生复分解反应。复分解反应的特点是相互交换成分,生成两种新的化合物。但是复分解反应要想发生是有条件的,一般要求交换成分后,能生成气体、沉淀或水中的至少一种物质。

利用复分解反应的规律可以解决分离、除杂等多种实际

问题。在解决实际问题时，重要的是把实际的情境问题转化为化学问题，然后利用化学知识去分析解决问题，如下图所示。

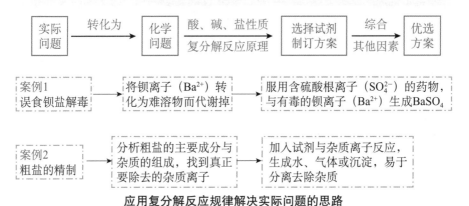

应用复分解反应规律解决实际问题的思路

知识链接

1. 盐的化学性质

（1）盐 + 金属 ══ 新盐 + 新金属（置换反应，反应条件为：活泼金属置换不活泼金属）

（2）盐 + 酸 ══ 新盐 + 新酸

（3）盐 + 碱 ══ 新盐 + 新碱

（4）盐 + 盐 ══ 两种新盐

复分解反应，需要依据复分解反应发生的条件，判断其能否发生

2. 复分解反应

（1）定义：$AB + CD ══ AD + CB$

（2）范围：主要是酸、碱、盐之间及盐和盐之间的反应。

（3）发生条件：生成水、气体或沉淀。

3.复分解反应的应用

（1）物质检验：利用特征反应及其伴随现象来检验物质的存在，如碳酸盐的检验。

（2）物质鉴别：利用反应现象的不同进行物质间的鉴别。

（3）去除杂质：利用复分解反应，将杂质转化为气体，使其离开体系，生成的沉淀可通过过滤去除，生成的水可以通过蒸发去除，所以复分解反应在溶液除杂中有广泛应用。

 真题实战

1.［2018北京中考，18］为保护绿水青山，可将工业残留钡渣［主要成分为碳酸钡（$BaCO_3$）］进行无害化处理，制取化工原料硫酸钡（$BaSO_4$）。主要流程如下图所示：

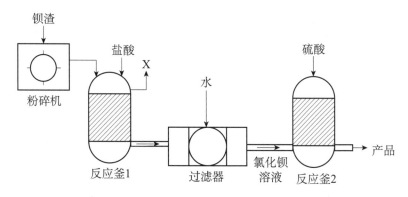

已知：硫酸钡（$BaSO_4$）难溶于水，氯化钡（$BaCl_2$）可溶于水。

（1）反应釜1中的气体X为_____。

（2）反应釜2中发生的复分解反应的化学方程式为_____

_____。

答案：

（1）CO_2

（2）$BaCl_2 + H_2SO_4 \xlongequal{\quad} BaSO_4\downarrow + 2HCl$

解析：

（1）钡渣中的碳酸钡与盐酸反应，产生二氧化碳气体。

（2）因硫酸钡为难溶的沉淀，所以氯化钡溶液与硫酸能发生复分解反应。

2. ［2013北京中考，30］现有四只烧杯，分别盛有稀盐酸、饱和石灰水、碳酸钠溶液中的一种，向其中滴加酚酞或石蕊溶液（如下图所示）。

已知：碳酸钠溶液呈碱性，氯化钙溶液呈中性。

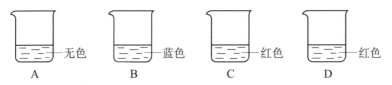

选用下列药品继续实验：铁、氧化钙、氧化铁、稀盐酸、饱和石灰水、碳酸钠溶液。

请依据实验回答问题：

（1）B中溶液是 _____。

（2）取A中溶液置于试管中，加入甲，溶液由无色变为黄色，则甲是 _____，反应的化学方程式为 _____。

（3）取C中溶液置于试管中，加入乙，溶液变浑浊；再加入丙，溶液又变澄清，且由红色变为无色，无气泡产生，则乙的化学式为 _____。

（4）取D中溶液置于试管中，加入丁，溶液变浑浊；再加入丙，溶液又变澄清，且由红色变为无色，同时产生气泡。

① 用化学方程式表示溶液变浑浊的原因：_____。

② 最终所得溶液中溶质的组成为_____（写出所有可能）。

答案：

（1）滴有石蕊的饱和石灰水或滴有石蕊的碳酸钠溶液

（2）氧化铁　　$Fe_2O_3 + 6HCl === 2FeCl_3 + 3H_2O$

（3）CaO

（4）① $Ca(OH)_2 + Na_2CO_3 === CaCO_3\downarrow + 2NaOH$

　　　② NaCl、$CaCl_2$ 或 NaCl、$CaCl_2$、HCl

解析：

（1）依据所给试剂分析，两种溶液混合后呈蓝色，B中溶液应为紫色石蕊溶液与碱性溶液的混合，故答案为滴有石蕊的饱和石灰水或滴有石蕊的碳酸钠溶液。

（2）氧化铁与盐酸反应，生成的氯化铁溶液为黄色。

（3）C为滴有酚酞的饱和石灰水，加入氧化钙后，氧化钙与水反应，产生的氢氧化钙因微溶于水，不能充分溶解而析出，故产生浑浊；加入盐酸后，盐酸与氢氧化钙发生中和反应，产生易溶于水的氯化钙，所以又变澄清，且溶液由碱性变为中性或酸性，导致溶液由红色变为无色，所以乙为氧化钙。

（4）① D为滴有酚酞的碳酸钠溶液，故呈红色；加入饱和石灰水后，二者发生反应产生碳酸钙沉淀，所以变浑浊；再加入盐酸后，盐酸与碳酸钙反应，导致沉淀溶解，溶液变澄清，且产生二氧化碳气体。② 溶液由红色变为无色，所以最终的溶液为中性或酸性，根据反应一定有的产物为氯化钠和氯化钙，若溶液为酸性，则还有过量的盐酸，所以答案为两种情况。

（张文胜）

8 厨房中的膨松剂

 观察与发现 ❶

清晨,小文准备同家人吃早餐,妈妈端上来新出锅的热气腾腾的馒头。小文想到妈妈把它们放进蒸锅的时候它们还是小小的一团面胚,现在竟然已经变成大大的馒头了!

 小 文

面团变成馒头为什么会"长大"?

 化博士

那是因为在蒸馒头的时候,加入了膨松剂。它是能使面胚发

起来形成多孔组织，从而使食品具有蓬松、柔软或酥脆特点的一类物质，在生活中也叫泡打粉。不同的膨松剂在原理上基本是一致的，都是通过反应使面团中产生大量二氧化碳。在蒸煮的过程中，二氧化碳受热膨胀，于是面团就形成了疏松的结构，变得松软了。

 观察与发现 ❷

几种市面上销售的膨松剂的主要配料

序号	主要配料
1	焦磷酸二氢二钠、碳酸氢钠、淀粉、碳酸钙
2	碳酸氢钠、焦磷酸二氢二钠、碳酸钙、磷酸二氢钙、酒石酸氢钾、食用玉米淀粉
3	碳酸氢钠、葡萄糖酸-δ-内酯、柠檬酸、磷酸二氢钙、碳酸钙、淀粉
4	碳酸氢钠（<55%）、酒石酸（<18%）、磷酸二氢钙（<14%）、木聚糖酶（<1%）、木薯淀粉
5	焦磷酸二氢二钠（35%）、碳酸氢钠（30%）、淀粉、柠檬酸（1%）、磷酸二氢钙（10%）、碳酸钙（5%）

我找到了家里几种不同品牌的膨松剂，它们有什么共同之处呢？

你会发现，找到的这些膨松剂的配料表里，都含有淀粉和一种叫作碳酸氢钠的物质。这些膨松剂都会在面胚膨发时产生二氧化

碳，其中淀粉主要是做填充剂，其作用是控制和调节二氧化碳产生的速度，使气泡均匀产生，延长膨松剂的保存时间，防止吸潮、失效，还能起到增强面筋的韧性和延展性、防止面团因失水而干燥等作用。

那这里面的碳酸氢钠是不是就是产生二氧化碳的物质呢？

你说得太对了！碳酸氢钠在加热的条件下可以分解产生二氧化碳，所以碳酸氢钠可以做单一膨松剂。具体反应如下：

$$2NaHCO_3 \xrightarrow{\triangle} Na_2CO_3 + H_2O + CO_2\uparrow$$

我发现，这些配料表中除了有淀粉和碳酸氢钠，都还有一些其他的物质存在。它们具有什么性质呢？

由于碳酸氢钠分解产生的碳酸钠会使制成品的pH值升高，使制成品的品质不良、口味不纯，所以除了单一膨松剂，我们生活中更常使用的是复合膨松剂。你发现的这些物质都是复合膨松剂的主要成分。刚刚说到的碳酸氢钠，除了可以在加热的情况下产生二氧化碳，还可以与酸性的物质反应产生二氧化碳。比如在这些配料表中，柠檬酸、酒石酸都是常见的酸，焦磷酸二氢二钠、磷酸二氢钙、酒石酸氢钾、葡萄糖酸－δ－内酯等物质，在水溶液中都是酸性物质。它们的作用就是与以碳酸氢钠为代表物的碳酸盐反应，产生二氧化碳，一方面降低制成品的碱性，调节食品的酸碱度，另一方面能控制反应速度，充分提高膨松剂的性能。下表就是一些膨松剂中常见的酸性物质。

膨松剂中常见的酸性物质

化学名称	分子式	反应速率
酒石酸	$C_4H_6O_6$	极快
酒石酸氢钾	$KHC_4H_4O_6$	极快
柠檬酸	$C_6H_8O_7$	快
磷酸二氢钙	$Ca(H_2PO_4)_2$	慢→快
焦磷酸二氢二钠	$Na_2H_2P_2O_7$	慢→快
明矾	$KAl(SO_4)_2·12H_2O$	慢
葡萄糖酸－δ－内酯	$C_6H_{10}O_6$	极慢

观察与发现 ❸

爸爸早晨遛弯回来，买了油条做早餐。

小 文

油条也有疏松多孔的结构，但这种结构和馒头又不太一样。制作不同的食品，应当如何选择使用膨松剂？

化博士

馒头和油条等食品在膨发时需要不同的条件：馒头所用面团相对较硬，需要产生气体较快的膨松剂；油条类油炸食品，需要常温下尽可能少产生气体、遇热产生气体快的膨松剂。比如，如上页表和右图所示，焦磷酸二氢二钠刚开始在常温下产生气体比较慢，但是当温度升高时，其产气速度迅速升高。含有这种物质的膨松剂就比较适合油条类等油炸食品。像酒石酸和酒石酸氢钾等酸性物质，都能够极快产生气体，这类膨松剂就比较适合蒸馒头。

在我们的生活中，有些膨松剂为了同时满足不同的应用场景，会同时添加多种酸性物质，比如右图所示的双效泡打粉，它的广告语："遇水膨发 加热膨发""双效泡打粉，双效合一、双管齐下"。

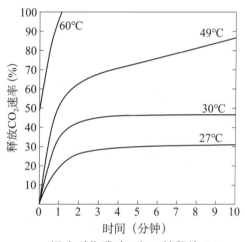

温度对焦磷酸二氢二钠释放 CO_2 速率的影响

双效泡打粉

观察与发现 ❹

姥姥也来到餐桌前，看到妈妈蒸好的馒头，说："我们以前可没有这么快速便捷的膨松剂可以用，每次都要用老面提前一夜发面，然后向发好的面团里加入碱面才能蒸馒头呢！"

按照姥姥的说法，是不是还有其他物质也可以做膨松剂？

是的。膨松剂主要可以分为生物膨松剂和化学膨松剂。生物膨松剂是依靠能产生二氧化碳的微生物发酵而产生起发作用的膨松剂。老面（又称面肥、老肥）发酵是一种比较原始的发酵方法，它是靠来自空气中的野生酵母和各种杂菌（主要是乳酸菌）的发酵作用。由于产生的酸细菌较多，面团有不良的酸味，面发起来后必须加碱来中和。目前，市面上应用比较广泛的生物发酵法是干酵母发酵。它是将鲜酵母的活性保存下来进行干燥而成的。酵母在面团中，借助适当的温度、湿度作用于面团中的糖分，通过发酵，产生酒精和二氧化碳，使面团膨胀。

我们前面讨论的单一膨松剂和复合膨松剂都属于化学膨松剂的范畴，在市场上又称泡打粉。它一般是由碳酸氢盐、酸性物质和填充剂（淀粉）复合而成的。不同的配方配制出来的膨松剂其功能特点是不同的，按产气的特点可以分为快速泡打粉、慢速泡打粉和双效泡

打粉。

 我知道了

面团是在膨松剂的作用下，产生二氧化碳，膨发变成馒头的。

市面上的化学膨松剂中基本都含有淀粉和碳酸氢钠。除此之外，膨松剂中还有一类酸性物质，它们能够和碳酸盐反应生成二氧化碳。

膨松剂分为生物膨松剂和化学膨松剂。根据不同食品的制作特点，我们可以选择不同类型的膨松剂。

 知识链接

Na_2CO_3 与 $NaHCO_3$ 的比较

物质	碳酸钠	碳酸氢钠
化学式	Na_2CO_3	$NaHCO_3$
俗名	纯碱、苏打	小苏打
溶解性	易溶于水	可溶于水
与酸反应	$Na_2CO_3 + 2HCl \mathrel{=\!=\!=} 2NaCl + H_2O + CO_2\uparrow$	$NaHCO_3 + HCl \mathrel{=\!=\!=} NaCl + H_2O + CO_2\uparrow$
与碱反应	不反应	$NaHCO_3 + NaOH \mathrel{=\!=\!=} Na_2CO_3 + H_2O$
热稳定性	加热不分解	$2NaHCO_3 \xrightarrow{\triangle} Na_2CO_3 + + H_2O + CO_2\uparrow$
用途	用于玻璃、肥皂、造纸、纺织等工业，可用作洗涤剂	可用作食品膨松剂，可治疗胃酸过多，可用于泡沫灭火器

 真题实战

1. Na_2CO_3 和 $NaHCO_3$ 可用作食用碱。下列用来解释事实的方程式中，错误的是（   ）。

A. $NaHCO_3$ 可做发酵粉：$2NaHCO_3 \overset{\triangle}{=\!=\!=} Na_2CO_3 + CO_2\uparrow + H_2O$

B. Na_2CO_3 可用 $NaOH$ 溶液吸收 CO_2 制备：

$2OH^- + CO_2 =\!=\!= CO_3^{2-} + H_2O$

C. $NaHCO_3$ 可用于治疗胃酸过多：$HCO_3^- + H^+ =\!=\!= CO_2\uparrow + H_2O$

D. $NaHCO_3$ 在水溶液中的电离方程式为：

$NaHCO_3 =\!=\!= Na^+ +\ H^+ + CO_3^{2-}$

答案：D

解析：$NaHCO_3$ 受热分解会产生二氧化碳，因此可以做发酵粉，故 A 正确。$NaOH$ 和 CO_2 反应可以得到碳酸钠，因此 Na_2CO_3 可用 $NaOH$ 和 CO_2 反应制备，故 B 正确。$NaHCO_3$ 可用于治疗胃酸过多，胃酸的主要成分是盐酸，因此是盐酸和碳酸氢钠反应，离子方程式正确，故 C 正确。$NaHCO_3$ 在水溶液中的电离方程式为 $NaHCO_3 =\!=\!= Na^+ + HCO_3^-$，故 D 错误。

2. ［2011 北京，11］下列实验方案中，（   ）不能测定 Na_2CO_3 和 $NaHCO_3$ 混合物中 Na_2CO_3 的质量分数。

A. 取 a 克混合物充分加热，减重 b 克

B. 取 a 克混合物与足量稀盐酸充分反应，加热、蒸干、灼烧，得 b 克固体

C. 取 a 克混合物与足量稀硫酸充分反应，逸出的气体用碱石灰吸收，增重 b 克

D. 取 a 克混合物与足量 $Ba(OH)_2$ 溶液充分反应，过滤、洗涤、

烘干，得 b 克固体

答案：C

解析：只有碳酸氢钠加热会分解，由差量法可计算碳酸氢钠的质量，然后再计算碳酸钠的质量，能够测出混合物中碳酸钠的质量分数，故不选 A。加热后 b g 固体为氯化钠的质量，设碳酸钠的物质的量为 x、碳酸氢钠的物质的量为 y，则 $106x+84y=a$，$2x+y=\dfrac{b}{58.5}$，解方程计算出 x、y 的值，然后可计算出混合物中碳酸钠的质量分数，故不选 B。a g 混合物与足量稀硫酸充分反应，逸出的气体主要是二氧化碳，并产生水，且碱石灰具有吸水性，所以质量增加 b g 两种物质的质量，无法求出混合物中碳酸钠的质量分数，故选 C。碳酸钠和碳酸氢钠均能与 $Ba(OH)_2$ 反应生成碳酸钡沉淀，结合 B 项分析，也可以计算出混合物中碳酸钠的质量分数，故不选 D。

（刘丹）

9 如何科学补铁？

- ❓ 为什么要吃富含铁元素的食材？
- ❓ 哪些食材含有较多的铁元素呢？
- ❓ 食材中铁元素以什么形式存在呢？
- ❓ 检测这些铁元素用什么实验方法？
- ❓ 木耳灰中含有多少铁元素？
- ❓ 如何科学补铁？

 观察与发现 1

　　小文同家人吃饭，餐桌上有辣炒猪肝、木耳肉片、西红柿鸡蛋汤和红枣米饭等。爸爸突然说："小文，爸爸今天收到你的体检报告单，医生建议你平时多吃些红肉、猪肝、木耳等。"妈妈说："所以我今天特意做了这些菜。"

常见的富含铁元素的食物

医生为什么要我平时多吃些红肉、猪肝或木耳呀?

你的体检报告单中，血红蛋白含量明显偏低。医生诊断你属于早期缺铁性贫血。铁元素是人体中含量最高的必需微量元素，承担着极其重要的生理功能。血红蛋白分子含有 Fe^{2+}，正是这些 Fe^{2+} 使血红蛋白分子具有载氧功能，能将肺部吸入的氧气输送到全身各组织。人体内的铁元素主要来源于食物。处于成长期的青少年需要保障铁的合理摄入。中国营养学会建议青少年每日应有一定的铁摄入量。动物血、肝脏以及蛋黄、菠菜、木耳、红枣、芝麻等食物中含有丰富的铁元素。日常缺铁可用饮食疗法治疗，即多吃红肉、猪肝、木耳、红枣等富含铁元素的食材。

这些食材中的铁是什么样的呢？是像黑黑的铁石头那样的吗？

食材中的铁可不是肉眼可见的铁矿石那样的，它主要以卟啉铁或氢氧化铁 $[Fe(OH)_3]$ 络合物等形态存在。食材中也极少存在游离的铁离子。

食材中铁的存在形态

形态	结构／组成	主要食材来源
血红素铁	卟啉铁	肉、禽、鱼类的血红蛋白和肌红蛋白
非血红素铁	$Fe(OH)_3$ 络合物（蛋白质复合体中）	植物

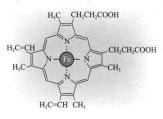

血红素的大分子结构

 观察与发现 ❷

通过化博士的讲解，小文已经知道了有些食材中可能含有大量铁元素，但依然很好奇如何去检验这些铁元素的存在呢？

用什么实验方法可以检测出食材中含有铁元素呢？

我们需要将食材中已经存在的卟啉铁或氢氧化铁络合物等有机态铁转化为便于化学实验检验的无机态铁离子。以木耳为例，我们将木耳晒干后在坩埚中灼烧灰化，然后把木耳灰一起收集起来以便于检测，如下图所示。

木耳的灼烧灰化过程

接下来将得到的木耳灰样品用盐酸浸取（酸溶），再过滤，得到待测溶液，如下图所示。

木耳灰化后样品经酸溶过滤后得到待测溶液

哇，这种黄黄的液体里有铁离子吗？怎么检测到呢？

我们要知道铁离子有两种常见的存在形式，即 Fe^{2+} 和 Fe^{3+}。这

两种铁离子的检测方法不相同，每一种铁离子都可以通过不同的化学药品和特殊的实验现象检测出来。这里，我们介绍化学实验室里两种非常灵敏的检测试剂，待测溶液中只要有微量的铁离子，检测试剂就可以快速地将 Fe^{2+} 和 Fe^{3+} 鉴别出来。Fe^{3+} 遇到一种名为硫氰化钾（KSCN）的特殊试剂后，溶液会呈现红色。而 Fe^{2+} 遇到一种名为铁氰化钾 $\{K_3[Fe(CN)_6]\}$ 的特殊试剂后，溶液会出现蓝色沉淀，如下图所示。因此可以用不同的检测试剂来检测溶液中是否有铁离子以及是哪种价态的铁离子。

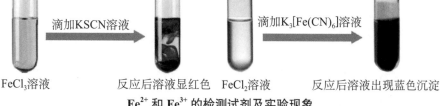

FeCl₃溶液　　滴加KSCN溶液　　反应后溶液显红色　FeCl₂溶液　　滴加K₃[Fe(CN)₆]溶液　　反应后溶液出现蓝色沉淀

Fe^{2+} 和 Fe^{3+} 的检测试剂及实验现象

小　文

哇，太棒啦！实验现象好明显啊！有这么灵敏的检测试剂很容易就能知道待测溶液中有没有铁离子了。那么实验结果显示待测溶液里有铁离子吗？是哪种价态的铁离子呢？

化博士

取两份等量的待测溶液。一份滴加硫氰化钾试剂，溶液呈现红色。另一份滴加铁氰化钾试剂，溶液没有出现蓝色沉淀。实验现象说明木耳灰样品经酸溶浸取并过滤后得到的待测溶液中存在 Fe^{3+}。

观察与发现 ❸

小文通过化学实验的方法检测到了灰化后的木耳浸取溶液中含有铁元素。小文猜想不同食材中铁元素的含量可能不太一样。有的食材里可能含量多，有的食材里可能含量少。

 小　文

木耳灰中铁含量有多少呀？用什么化学实验方法能测定？

 化博士

在科学研究中，有许多化学实验方法能准确地测定样品中铁元素的含量。这里给大家介绍一种化学实验室中常用的半定量检测方法，即目视比色法。在一定条件下，有色溶液的颜色愈深，则铁元素浓度愈大。因此，我们可以将待测溶液与事先配制好的标准溶液进行颜色对比。若颜色一致，那么铁元素的浓度就相当；若待测溶液颜色介于相邻两个标准比色溶液之间，那么待测溶液的铁元素的浓度约为相邻两个标准比色溶液浓度的平均值。如下图所示。

通过目视比色法可以测得每 1 g 木耳灰中铁元素含量约为 1.4 mg。

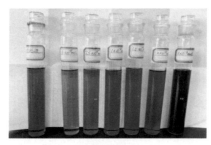

目视比色法

那么，其他食材中的铁元素含量有多少呀？

不同食材中铁元素含量不一样，如下表所示。

不同食材中铁元素含量对比

食材	铁元素含量 (mg/100g)
黑木耳	98
鸭血	35
猪肝	22
菠菜	2.9

那么，我如何科学补铁才能预防和治疗早期缺铁性贫血呢？

日常补铁时莫过量，过量会铁中毒。莫挑食，不同食材中微量元素含量不同，人体吸收也不同。比如，动物肝脏和血含铁量很高，人体对其具有很高的吸收率，作为食材，人们每月可适当摄入 1～2 次。

另外，研究结果显示人体只能吸收 Fe^{2+}。由于维生素 C 具有还原性，可以将 Fe^{3+} 还原成 Fe^{2+}，所以食用维生素 C 含量较高的食物也有利于人体对铁元素的吸收。

 我知道了

缺铁性贫血可以通过食补来预防和早期治疗。

红肉、猪肝、木耳、红枣等食材富含铁元素。

通过化学实验的方法可以检验食材中是否有铁元素以及铁元素的价态。

不同的化学检测试剂可以检测不同价态的铁元素。Fe^{3+} 遇到硫氰化钾检测剂后，溶液会呈现红色。而 Fe^{2+} 遇到铁氰化钾检测剂后，溶液会出现蓝色沉淀。

日常补铁时不能过量，过量也会铁中毒；不要挑食，不同食材微量元素含量不同，人体对其吸收率也不同。

知识链接

铁元素是食材中非常重要的微量元素。对溶液中不同价态铁离子的检验除前文中提到的显色反应和沉淀反应外，还可以利用氧化还原反应来检验。比如：

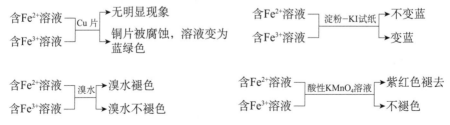

采取何种检测方法受样品浓度、实验试剂条件等情况影响。

真题实战

1.［2022 北京朝阳一模，14］将 $Fe_2(SO_4)_3$ 溶于一定量水中，溶液呈浅棕黄色 (a)，加入少量浓盐酸，黄色加深 (b)。

已知：$Fe^{3+}+4Cl^- \rightleftharpoons [FeCl_4]^-$（黄色）；浓度较小时 $[Fe(H_2O)_6]^{3+}$（用 Fe^{3+} 表示）几乎无色，取溶液进行如下实验。

对现象的分析不正确的是（　　）。

A. 溶液 a 的 pH≈1.3，证明 Fe^{3+} 发生了水解反应

B. 加入浓盐酸，H^+ 与 Cl^- 对 Fe^{3+} 浓度大小的影响是一致的

C. 向 b 中加入 $AgNO_3$ 溶液后，$Fe^{3+}+4Cl^- \rightleftharpoons [FeCl_4]^-$ 平衡逆向移动

D. 将溶液 a 滴入沸水中，加热，检测有丁达尔效应，说明加热能促进 Fe^{3+} 水解

答案：B

解析：溶液 a 的 pH≈1.3，证明 Fe^{3+} 发生了水解反应，反应原理为 $Fe^{3+}+3H_2O \rightleftharpoons Fe(OH)_3+3H^+$，故 A 正确。加入浓盐酸，$H^+$ 浓度增大，抑制 Fe^{3+} 水解，Fe^{3+} 浓度增大；而 Cl^- 浓度增大，促进 $Fe^{3+}+4Cl^- \rightleftharpoons [FeCl_4]^-$ 反应正向进行，Fe^{3+} 浓度减小，则 H^+ 与 Cl^- 对 Fe^{3+} 浓度大小的影响是不一致的，故 B 错误。向 b 中加入 $AgNO_3$ 溶液后，发生反应 $Ag^++Cl^- \rightleftharpoons AgCl\downarrow$，导致 Cl^- 浓度减小，$Fe^{3+}+4Cl^- \rightleftharpoons [FeCl_4]^-$ 平衡逆向移动，故 C 正确。将溶液 a 滴入沸水中，加热，检测有丁达尔效应，说明加热能促进 Fe^{3+} 水解，发生反应 $Fe^{3+}+3H_2O \xrightarrow{\triangle} Fe(OH)_3$（胶体）$+3H^+$，故 D 正确。

2. [2022 北京东城二模, 13] 以相同的流速分别向经硫酸酸化和未经硫酸酸化的浓度均为 0.1 mol·L^{-1} 的 FeSO$_4$ 溶液中通入 O$_2$, 溶液中 pH 值随时间的变化如下图所示。

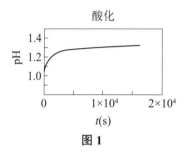

图 1

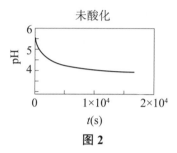

图 2

已知: 0.1 mol·L^{-1} Fe^{3+} 生成 Fe(OH)$_3$, 开始沉淀时 pH=1.5, 完全沉淀时 pH=2.8。

下列说法不正确的是 (　　)。

A. 由图 1 可知, 酸化的 FeSO$_4$ 溶液中发生反应:

$$4Fe^{2+} + O_2 + 4H^+ = 4Fe^{3+} + 2H_2O$$

B. 图 2 中, $t=0$ 时刻, FeSO$_4$ 溶液 pH=5.7 是由于 Fe^{2+} 发生了水解反应

C. 由图 2 可知, 未酸化的 FeSO$_4$ 溶液中发生反应生成了 Fe(OH)$_3$, 同时还生成了 H$^+$

D. 若向 FeSO$_4$ 溶液中先加入过量 NaOH 溶液, 再通入 O$_2$, pH 值先增大后明显减小

答案: D

解析: 由题图 1 可知, 向酸化的 FeSO$_4$ 溶液中通入 O$_2$, 溶液的 pH 值未超过 1.4, 则 Fe^{2+} 被氧化为 Fe^{3+}, Fe^{3+} 还没开始沉淀, 即发生的氧化还原反应为 $4Fe^{2+} + O_2 + 4H^+ = 4Fe^{3+} + 2H_2O$, 故 A 正确;

由于未加硫酸酸化，但 $t=0$ 时刻 $FeSO_4$ 溶液 pH＝5.7，则说明是 Fe^{2+} 水解导致的，其水解方程式为 $Fe^{2+}+2H_2O \rightleftharpoons Fe(OH)_2+2H^+$，故 B 正确；由题图 2 的曲线变化趋势可知，溶液中的反应使其 pH 值下降，根据 $Fe(OH)_3$ 的沉淀范围可知，O_2 将 Fe^{2+} 氧化为 $Fe(OH)_3$ 沉淀，同时生成 H^+，该反应为 $4Fe^{2+}+O_2+10H_2O = 4Fe(OH)_3\downarrow+8H^+$，故 C 正确；根据所给条件可知，若向 $FeSO_4$ 溶液中先加入过量 NaOH 溶液，再通入 O_2，发生的反应为 $Fe^{2+}+2OH^- = Fe(OH)_2\downarrow$，所以加入 NaOH 溶液后，溶液的 pH 值会增大，通入 O_2 后，发生反应 $4Fe(OH)_2+O_2+2H_2O = 4Fe(OH)_3$，溶液 pH 值没有明显变化，故 D 错误。

（冯姝）

10 酿制好喝的醪糟

 观察与发现 ❶

小文的爸爸有一道拿手好菜，就是醪糟，每次喝完家里人都赞不绝口。爸爸有酿造醪糟的秘诀。小文很感兴趣，想和爸爸讨教，问道："爸爸，你是怎么做出这么好喝的醪糟的？""爸爸是和导师化博士学的，有什么问题你就直接问他吧！"爸爸说完就把小文带到了化博士面前。

 小 文

我也想做醪糟，我要怎么做呢？

化博士

醪糟也叫米酒，深受人们喜爱，多年来已经形成了比较成熟的制作流程（见下图）。酿制的关键是酒曲。酒曲里包含多种发酵菌的菌种，将它均匀放在蒸熟晾凉的糯米中，在适宜的温度下就能发酵出酒香。

泡米 蒸米 晾米 放曲 发酵 成品

酿制米酒的简易流程

● 泡米、蒸米、晾米 将米淘洗3~5次，加入约高出米面3厘米的水，放置5小时左右；将泡好的米蒸熟；将蒸好的米取出，晾晾，放入发酵容器中。

● 放酒曲 将酒曲均匀撒在米上，边撒边抓拌均匀，可适当加些水。拌好后将米轻轻抚平，中间挖个直径3~4厘米的深窝，在窝里放入少许酒曲。盖好盖子，密封放置。

如果你想尝试，可以按照上面的步骤来进行，看看能不能酿出米酒。

知识链接

酿造工艺是一种发酵工艺，一般以谷物、果蔬类物质为原料，在多种微生物的共同作用下，将原料中的糖、油脂、蛋白质等营养成分进行代谢，产生独特的发酵香气、色泽和口感。酿造工艺可改变食物本身的质地、食用品质，延长食物的保存期限等。厨房中有相当一部分通过酿造工艺制得的调味料或食材，比如酱油、醋、各

种酒类等。

酱油是以谷物和豆粕为原料使用米曲霉进行发酵的，原料中的蛋白质经蛋白酶逐渐水解为氨基酸，为酱油赋予鲜味；淀粉经发酵产生糖、醇、酸、酯，为酱油赋予独特的风味和香气。

我国传统酿酒工艺常使用糯米、荞麦、小米等为原料，原料中的淀粉经酒曲中的糖化酶逐渐水解为葡萄糖，再经酒化酶分解为酒精。

酿醋工艺则是在酿酒工艺基础上，加入醋酸菌，将产生的酒精继续转化为醋酸。通常选择玉米、薯类等原料。

米酒又称醴、酒酿、江米酒、醪糟、甜酒，是中国传统发酵食品之一，历史悠久，与葡萄酒、啤酒并称"世界三大古酒"。

 观察与发现 ②

小文按照酿酒流程做了几次醪糟，不过有时会酸一些，有时会辣一些，有时又太甜，总不能像爸爸一样做得特别好喝，小文想弄清楚是怎么回事。

如何做出很好喝的醪糟？

小文，你很有探究意识，那你想想，你所说的好喝是什么标准

呢？同样的醪糟，你说有些辣，妈妈却觉得刚刚好，说明主观感受通常会影响判断。这时候我们可以从感官上的定性判断上升到理性上的定量判断。对于醪糟生产，国家有一定的标准（见下表），我们可以参考。

普通米酒理化要求（NY/T 1885—2017）

项目	指标
固形物（g/100g）	≥10.0
还原糖（以葡萄糖计，g/100g）	≥2.5
酒精度（% vol）	>0.5
总酸（以乳酸计，g/100g）	0.05～1.0
pH	3.5～4.5
蛋白质（g/100g）	≥0.2
β-苯乙醇（mg/L）	≥35
挥发酯（以乙酸乙酯计，g/L）	≥0.4

注：pH、β-苯乙醇、挥发酯三项的指标要求来自文献，非引自国标。

然而，生活中我们不会时时刻刻测定数据，通常我们还是根据醪糟的色、香、味来判断好坏。比如表面有黑毛，说明混入了杂菌，必然会影响品质；尝起来苦涩，有可能就是酒曲添加量不合适导致的；口感香甜说明醪糟的品质好，口感发酸说明不是很成功。

小 文

我知道了，是不是口感对应着酿造标准里的某些化学物质？那到底是什么物质影响了醪糟的口感？

 化博士

小文很有悟性，根据我们所学的化学知识，我们可以大胆猜测：甜对应着糖含量（以葡萄糖含量计），酸对应着总酸量（以 pH 值计），香对应着酒精度[酒香，以乙醇（CH_3CH_2OH）计]和酯含量（酯香）等。

 观察与发现❸

小文听了化博士的话若有所思，其实口感是对某物质浓度（即单位体积溶液内所含某物质的多少）的反映。小文以前有过冲蜂蜜水的经验，开始时比较甜，随着不断地加水搅拌，最后再喝，甜味就淡多了。口感变淡说明加水后蜂蜜的浓度降低了。

 小 文

是什么因素影响了这些物质产生的量？

 化博士

生物发酵的过程是十分复杂的，简单来说是菌类物质代谢后产生多种新物质。不同菌类的主要代谢产物不同。比如酒曲中霉菌（主要为根霉属和毛霉属）的糖化作用是将淀粉转化为葡萄糖；酵母菌的酒化作用是将葡萄糖转化为酒精。乳酸菌主要产生乳酸；醋酸菌主要产生醋酸等有机酸，以及产生其他微量的醇、醛、酯等多种

风味和香味物质。为了更好解释这个问题，我们可以把菌简单看作是化学反应中的催化剂，催化反应物转化为新物质。

如果我们把发酵过程简化成化学反应的话，那么最终产物的浓度就受到化学反应速率和反应时间的制约。因此除了时间，能够影响化学反应速率大小的因素都会影响这些物质产生的量。我们知道，温度、反应物浓度、催化剂种类和用量都是影响因素，同时温度还会影响催化剂（酒曲）的活性。

除此之外，如果酒曲中混有醋酸菌，在与空气长时间接触的情况下，部分已发酵生成的乙醇会进一步转化成醋酸，导致乙醇浓度降低。

知识链接

酿制米酒我们通常用糯米作为原料，糯米中的有效成分是淀粉。淀粉由直链淀粉和支链淀粉构成，支链淀粉的分子间作用力小于直链淀粉，水分子更容易进入其中形成黏度较大的胶体，故直链淀粉含量低、支链淀粉含量高的糯米更容易糊化，发酵速度更快，出酒率更高。产地不同，米酒原料的种类也不尽相同，下表列出了几种米中淀粉含量以及支链淀粉与直链淀粉含量的比值。

几种米中淀粉含量以及支链淀粉与直链淀粉含量的比值

米的种类	大米		糯米	黑米	红米
	籼米	粳米			
淀粉含量（g/100g）	75.55	75.86	74.27	78.7	69.71
支链淀粉与直链淀粉含量的比值	2.37	4.62	45.08	3.05~6.41	5.76

厨房中的化学

小 文

　　时间、温度、反应物浓度、催化剂种类和用量等因素是如何影响最终产物的量的？

化博士

　　想要探究影响因素的规律，我们可以利用控制变量法。找出影响米酒的所有具体因素（也就是变量），设置多组实验，只改变一种因素，其他因素保持相同。我们可以用糖度计、酒精计、精密 pH 试纸简易测定葡萄糖量、乙醇量、总酸量，用测定数据进行对比。

　　这里在实际操作时有一个需要注意的问题。我们测试数据（糖度和酒精度）的仪器和方法与国标要求中的不同，因此测试的数据由于系统误差无法与国标要求中的数据匹配。那有什么办法可以尽可能地消除系统误差，达到研究变量的目的？

　　我们可以把市面上一种成品米酒（符合国标要求，口感良好）作为标准物，用同一个仪器测标准物的某变量值 a 和样品变量值 b，用比值 b/a 来评估自己酿造的米酒的品质：比值越接近 1，表明品质越接近国标，越远离 1，表明品质偏差越大。

　　如下表所示，对比 A 组和 B 组，自变量只有温度有差别，温度较高的 B 组的糖度和酒精度都较高，这符合我们对温度影响化学反应速率的认识。而真正有意思的情况是，对比的数据并不遵循简单的对应规律。对比 B 组和 C 组，在发酵天数和酒曲种类相同的情况下，C 组温度较低，而糖度、酒精度都较高，可能的原因有：①酒曲的最佳温度在 27℃附近；②其他条件可能不同。我们观察数据发现 C 组酒曲添加比例较高，那么就有可能是催化剂用量大的原因。对比 B 组和 D 组，D 组温度更高，反应时间更长，结果糖度和酒精度却偏低，这是否有可能是因为酒曲在米未冷却时就加入导致死了一部分？你是否还能找出一些有意思的数据并给出相应可能的解释呢？小文可以自己深入思考一下。

各影响因素真实数据汇总表

影响因素		A组	B组	C组	D组
因变量	糖度（g/100g）	0.92	1.15	1.17	1.04
	酒精度（g/100g）	1.05	1.23	1.29	0.81
	pH 值	3.0	4.0	4.5	3.5
自变量	发酵天数（天）	5	5	5	7
	酒曲种类	根霉菌	根霉菌	根霉菌	根霉菌
	室温（℃）	25	29	27	30
	米量：酒曲量	250：1	250：1	50：1	250：1
	米量：空气量	1：2	1：2	3：4	3：2

另外，时间也是重要的影响因素，我们可以每天监测数据，通过作糖度—时间、酒精度—时间、pH—时间的曲线图来观察数据变化规律。正常的预测情况是，在一定的时间范围内（1～7天），糖度、酒精度都会随着时间变化逐渐升高，到达一定限度后就不再升高而保持平稳；pH 值随时间变化会逐渐下降直至平稳。发酵时间也不是越长越好。实际的测试结果往往会呈现多种不符合预测的反常结果。例如：

◆ pH 值降低，糖度先升高后降低，酒精度却在降低。

◆ pH 值降低，糖度升高后不变，酒精度在降低。

◆ 反应温度高，pH 值、糖度、酒精度都较低。

◆ 糖度、酒精度差不多，pH 值却较大。

◆ 发酵天数长，糖度、酒精度都较低。

真实的问题是多变量共同作用的结果，很多类似上面的这些问题我们都可以尝试利用自变量影响因变量的规律去解释，并根据经验调整酿造米酒的具体细节。

 观察与发现 ❹

小文在化博士的启发下进行了一部分实验和深入思考，并认识到酿造米酒除了受发酵原理中所提到的各种因素的影响，还受到具体的实验操作方法的影响。

 小 文

如何改进酿造醪糟的方法？

 化博士

你的想法很对，化学是一门以实验为基础的科学。实验的方法越得当，技术越成熟，得到的数据或结果就越准确。因此我们可以从原理和操作两个方面来改进我们酿制米酒的过程。

◆ 不引入杂菌：对工具蒸煮消毒，开盖儿前后消毒。

◆ 酒曲的选择：不同品牌、不同种类的霉菌、酵母菌使用要求不同。

◆ 酒曲用量：在 500 g 米中一般加入 2 g 甜酒曲（不同种类的酒曲需试验其最佳用量）。

◆ 发酵温度：常温即可（27℃～29℃）。

◆ 发酵时间：3～5 天（不同的酒曲、用量及发酵温度，发酵时间会有所不同）。

◆ 其他操作细节：

蒸米前充分泡米（约 4 小时）有利于糖化过程；

蒸熟的米加充足的凉白开（1：2 或 1：3），利于出酒；

需等米完全冷却再加酒曲（否则菌会被烫死）；

装入容器时要压实（排出气体），中间掏洞（散热蓄酒）；

米的高度最好超过容器的三分之二（减少与空气的接触）。

我知道了

想要酿制出好喝的醪糟需要科学的方法。可以围绕米酒从定性的口感到定量的浓度数据，深度分析发酵的原理后提出改进建议。

当然，实际的酿酒经验积累也是必不可少的一环。

知识链接

葡萄糖的常见结构如下：

α−D−葡萄糖　　　　　D−葡萄糖　　　　　β−D−葡萄糖
（吡喃型）　　　　　（直链式）　　　　　（吡喃型）

直链式葡萄糖中含有一个醛基和多个羟基，具有还原性。

淀粉是由多个葡萄糖脱水得到的：

（1）直链淀粉

（2）支链淀粉

真题实战

1.［2023 北京门头沟一模，7］我国科学家突破了利用二氧化碳人工合成淀粉的技术，部分核心反应如下图。

$$CO_2 \xrightarrow{H_2} CH_3OH \xrightarrow{O_2} HCHO \longrightarrow \underset{DHA}{HO \diagdown\diagup OH} \cdots\cdots \longrightarrow (C_6H_{10}O_5)_n$$

设 N_A 为阿伏伽德罗常数的值，下列有关说法正确的是（　　　　）。

A. DHA 难溶于水，易溶于有机溶剂

B. DHA 与葡萄糖具有相同种类的官能团

C. 3.0 g HCHO 与 DHA 的混合物中含碳原子数为 $0.1N_A$

D. 淀粉属于有机高分子，可溶于冷水，可水解生成乙醇

答案：C

解析：DHA 中含有羟基，能与水形成氢键，所以 DHA 在水中溶解度较大，故 A 错误；DHA 分子中含有羟基和羰基，葡萄糖分子中含有羟基和醛基，官能团种类不同，故 B 错误；DHA 的分子式为 $C_3H_6O_3$，HCHO 与 DHA 的最简式均为 CH_2O，3.0 g HCHO 与 DHA 的混合物中含碳原子数为 3 g/(30 g/mol)×1×N_A/mol＝0.1 N_A，故 C 正确；淀粉水解生成葡萄糖，葡萄糖在酒化酶的作用下可分解生成乙醇和二氧化碳，故 D 错误。

2.［2023 北京昌平二模，9］我国科学家进行了如右图所示的碳循环研究，下列说法正确的是（　　）。

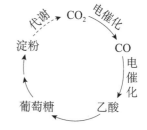

A.淀粉是多糖，在一定条件下能水解成葡萄糖

B.葡萄糖可通过加聚反应得到淀粉

C.葡萄糖是非还原性糖

D.乙酸与葡萄糖含有相同的官能团

答案：A

解析：淀粉为 $(C_6H_{10}O_5)_n$，是多糖，在一定条件下能水解成葡萄糖：$(C_6H_{10}O_5)_n + nH_2O \rightarrow n C_6H_{12}O_6$，故 A 正确；一定条件下，葡萄糖可通过缩聚反应得到淀粉和水，故 B 错误；葡萄糖中含有醛基和羟基，为还原糖，故 C 错误；葡萄糖中含有醛基和羟基，乙酸中含有羧基，官能团不同，故 D 错误。

3.［2021 北京西城二模，4］化学与生活密切相关，下列说法不正确的是（　　）。

A. 油脂属于酯类物质，可发生皂化反应

B. 利用灼烧的方法能区分蚕丝和棉纤维

C. NH₄Cl 溶液和 CuSO₄ 溶液均可使蛋白质变性

D. 酿酒过程中葡萄糖在酒化酶的作用下转化为乙醇

答案：C

解析：油脂为高级脂肪酸甘油酯，油脂在碱性环境中发生水解反应生成甘油和高级脂肪酸盐，又称皂化反应，故 A 正确；蚕丝的主要成分为蛋白质，灼烧时具有烧焦毛发的气味，棉纤维不具有此性质，所以可用灼烧的方法鉴别，故 B 正确；铵盐溶液使蛋白质盐析，重金属盐溶液使蛋白质变性，如硫酸铜溶液，故 C 错误；葡萄糖在酒化酶的作用下分解生成乙醇和二氧化碳，可用于酿酒，故 D 正确。

（王天吉，蔡元博）

11 骨头汤能补钙吗?

❓ 骨头的成分是什么?

❓ 骨头汤中钙离子的含量是多少?

❓ 什么是难溶盐的沉淀溶解平衡?

❓ 如何利用沉淀溶解平衡原理促进或减少骨头的溶解?

 ## 观察与发现 ❶

骨头汤能
补钙吗?

小文去奶奶家吃饭,奶奶端上来一大碗热腾腾的骨头汤,对小文说:"多喝点骨头汤,能补钙,长个子。"小文听后很好奇:骨头汤能补钙吗?

骨头的成分是什么？里面含有钙吗？

　　骨头中确实含有大量的钙，这里的钙指的是钙元素。实际上，骨头中的钙主要是以羟基磷灰石［$Ca_5(PO_4)_3(OH)$，又名羟基磷酸钙］的形式存在，它是骨头的主要成分，占骨头总质量的 60%～70%，起到提高骨头硬度和强度的作用，因此补钙对于骨骼的生长和预防骨质疏松非常重要。顺便一提，骨头中另一重要成分是胶原蛋白，能为骨头提供足够的韧性。骨头中各成分的含量是随动物的种类、年龄、骨骼部位的不同而变化的。

骨头中的钙能溶解到汤里吗？

　　羟基磷灰石是一种难溶盐。在化学上，我们常把溶解度小于 0.01 g 的物质称为难溶物或不溶物，可见它们并非完全无法溶解，只是溶解的程度非常小而已。大多数盐中溶于水的部分以相应离子的形式存在，该过程称为电离，如羟基磷灰石溶于水的部分可产生 Ca^{2+}、PO_4^{3-} 和 OH^-。当羟基磷灰石的溶解量达到其溶解度时（我们称为饱和），它与溶液中的 Ca^{2+}、PO_4^{3-} 和 OH^- 就能达到一个动态平衡，表面上看，羟基磷灰石不再继续溶解，溶液中 Ca^{2+}、PO_4^{3-} 和 OH^- 的浓度也不再改变，这种状态我们称为难溶盐的沉淀溶解平衡。因此，骨头中的钙有一小部分是能溶解到汤里的。

骨头汤中的钙离子的含量有多少呢？能够用来补钙吗？

我们已经知道羟基磷灰石在水中存在沉淀溶解平衡，用化学方程式来表示就是：$Ca_5(PO_4)_3(OH)(s) \rightleftharpoons 5Ca^{2+}(aq) + 3PO_4^{3-}(aq) + OH^-(aq)$，式中 (s) 表示该物质的状态为固体，(aq) 表示该物质的状态为溶解在水溶液中。人们发现对于一种给定的难溶盐，各离子浓度以其化学计量系数为指数的幂的乘积为定值，如在羟基磷灰石的饱和溶液中，$c^5(Ca^{2+}) \cdot c^3(PO_4^{3-}) \cdot c(OH^-)$ 始终为定值［式中 $c(M)$ 表示 M 的物质的量浓度］，我们将其称为该难溶盐的溶度积，用符号 K_{sp} 表示。溶度积只与该难溶盐的种类和溶液温度有关，如此，我们便可以根据羟基磷灰石的溶度积，从理论上计算出其溶液中钙离子的含量了。在 25℃ 时，羟基磷灰石的 K_{sp} 约为 6.8×10^{-37}，经计算可知，常温下羟基磷灰石在纯水中溶解达到饱和时的钙离子含量约为 5 mg/L。

在实际煮骨头汤时，骨头中钙的溶解受烹饪的温度、时间及溶液中其他成分以及骨头结构本身的影响，与理论结果会有所不同。既然如此，我们可以用一些简易的方式大致测定骨头汤中钙离子的含量。

对测定方法，我们选用配位滴定法：取一定量的骨头汤，加入少量氨水，将 pH 值调至 10～12，加入 2 滴指示剂铬黑 T，此时铬黑 T 与汤中的钙离子结合变为红色，再逐滴加入已知浓度的乙二胺四乙酸（简称为 EDTA）溶液。当滴入的乙二胺四乙酸完全与汤中的钙离子结合后，它会抢夺原本与铬黑 T 结合的钙离子，从而将铬黑 T 转变为无钙离子结合的状态，此时溶液变为蓝色。因此，我们记录溶液恰好由红变蓝时加入的乙二胺四乙酸溶液的体积，便可计算出溶液中钙离子的含量。

铬黑 T（左）和乙二胺四乙酸（右）的结构

既然已经知道了测定钙离子含量的方法，我们就煮一锅骨头汤，实际测定一下吧！

经过测定，我们所煮的骨头汤中钙离子的含量约为 10 mg/L。虽然比理论值高了一点儿，但对于补钙也只能说是杯水车薪。我们平时喝的牛奶中钙离子含量通常为 1 000 mg/L～1 200 mg/L，是骨头汤的 100 多倍，可见喝骨头汤能补的钙是非常少的，补钙效率远不如喝牛奶。

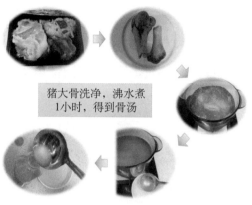

猪大骨洗净，沸水煮
1小时，得到骨汤

煮骨头汤过程

小　文

那有没有办法能让骨头中的钙离子多溶一些到汤里呢?

化博士

　　我们需要知道骨头汤中钙离子含量少是什么原因造成的，才能采取有针对性的方法促进钙离子的溶解。通常来说，我们可以从两个方面入手：一是骨头溶解缓慢，我们炖的骨头汤中羟基磷灰石还未充分溶解，还未达到饱和，此时可以通过提高溶解速率或增加炖煮时间的方式改善；二是骨头汤中羟基磷灰石已经达到饱和，只是受溶解度的限制无法大量溶解，此时可以采取一些措施改变沉淀溶解平衡的状态，从而改善溶解状况。

　　物质的溶解速率与温度、固体表面积、固体附近离子浓度等相关，因此我们常采用升高温度、把固体粉碎、不断搅拌等方式提高溶解速率。这些方法也都可以用于炖煮骨头汤。实践中，我们可以通过提高

炖煮温度、延长炖煮时间、将骨头剁成小段等方式加快骨头中钙质的溶解，但从效果上看，提升幅度并不大，其核心原因还是羟基磷灰石的溶解度太小，即使溶解至饱和状态也依然不能溶出足够的钙离子。

物质的沉淀溶解平衡可受温度、离子浓度的影响而发生改变，在化学上我们称之为"平衡的移动"。我们知道在温度一定时，给定难溶盐的溶度积 K_{sp} 是定值，那么改变其中某一些离子的浓度，其他离子的浓度就会随之改变。如羟基磷灰石的 $K_{sp} = c^5(Ca^{2+}) \cdot c^3(PO_4^{3-}) \cdot c(OH^-)$，如果溶液中 OH^- 浓度减小，为了保持 K_{sp} 不变，就会有更多羟基磷灰石溶解，从而使 Ca^{2+} 浓度升高。这就是通过改变溶液中离子浓度来改变沉淀溶解平衡状态的基本原理。因此，我们炖煮骨头汤时可以加入少量的醋，醋中的醋酸（也称乙酸）会使溶液的酸性增强，H^+ 浓度升高，OH^- 浓度降低，从而可以促进 Ca^{2+} 的溶出。

那么，加酸促进羟基磷灰石溶解的效果如何呢？我们可以做一些简单的实验来看看。在不同 pH 值的溶液中浸泡骨头 30 分钟，随后测量溶液中钙离子的浓度，结果如下表：

不同 pH 值溶液中的骨头钙离子浓度

pH 值	骨头种类	骨头状态	钙离子浓度（mg/L）
7	牛骨	块状	12
5	牛骨	块状	16
3	牛骨	块状	29
7	牛骨	粉末	15
5	牛骨	粉末	18
3	牛骨	粉末	35
5	猪骨	块状	9
5	猪骨	粉末	16

从实验结果中不难看出，加酸确实对于钙离子溶出有促进作用，当溶液的 pH 值降低至 3 时，钙离子含量最高可达 35 mg/L。但这个浓度对于补钙来说效果还是太小了，并且我们也不能向汤中加入太多醋，否则会破坏骨头汤的味道和口感。因此，用加醋的方式提高骨头汤中钙离子的含量虽有效，但对于补钙并无实际价值。

值得一提的是，从实验中发现牛骨比猪骨的溶解程度更大，这是由两者的微观结构差异所导致的：牛骨相比猪骨有更多的 Na^+、Mg^{2+}、CO_3^{2-}，代替原本的 Ca^{2+}、PO_4^{3-}、OH^- 掺入羟基磷灰石的结构中，破坏了其晶体的规整性，产生较多的孔隙，从而促进其溶解。同时，粉末状骨头也比块状骨头更易溶解，因此我们也能在一些补钙的保健品中看到"牛骨粉"这一物质。直接食用牛骨粉，它在胃液的强酸性环境下（胃酸的 pH 值为 1～2）能发生更多的溶解，从而起到一定的补钙效果。

我知道了

骨头中的无机盐的主要成分为羟基磷灰石。它是一种难溶盐，在水中的溶解度很小，因此骨头汤中的钙离子非常少。喝骨头汤补钙效率太低，并不是好的方法。要想高效地补钙，日常饮食中应该多食用奶制品、豆制品等含钙量较高的食物，如有需要也可服用钙片等补钙保健品。

难溶盐在水中溶解达到饱和后，会达到沉淀溶解平衡状态，此时其水溶液中各离子浓度以其化学计量系数为指数的幂的乘积是一个定值，该值被称为该难溶盐的溶度积。当温度改变或某种

离子的浓度改变时，沉淀溶解平衡状态会发生改变，因此在酸性条件下，溶液中 OH^- 的浓度会降低，可促进羟基磷灰石溶解，一定程度上可提高骨头汤中钙离子的浓度。

知识链接

沉淀溶解平衡是生产和生活实践中非常常见的平衡类型，根据不同物质的溶度积常数 K_{sp}，我们可以通过调节溶液中相关离子浓度的方法改变沉淀溶解平衡状态——将溶液中的特定离子进行沉淀，或将一种难溶物转化为另一种难溶物，抑或将某特定的沉淀溶解，以达到分离、提纯、制备等目的。

 真题实战

1.［2022 江苏泰州高二期末，4］某温度下，向含有 AgCl 固体的 AgCl 饱和溶液中加入少量稀盐酸，下列说法正确的是（　　）。

A. AgCl 的溶解度、K_{sp} 均变小

B. AgCl 的溶解度、K_{sp} 均不变

C. AgCl 的溶解度变小，K_{sp} 不变

D. AgCl 的溶解度不变，K_{sp} 变小

答案：C

解析：滴加盐酸时，溶液中 $c(Cl^-)$ 增大，AgCl 溶解平衡逆向移动，AgCl 的溶解度变小。但 K_{sp} 只与温度有关，故保持不变。

2.［2023 北京，14］利用平衡移动原理，分析一定温度下 Mg^{2+} 在不同 pH 值的 Na_2CO_3 体系中的可能产物。

已知：

①图1中曲线表示 Na_2CO_3 体系中各含碳粒子的物质的量分数与 pH 值的关系。

②图2中曲线 I 的离子浓度关系符合 $c(Mg^{2+}) \cdot c^2(OH^-)=K_{sp}[Mg(OH)_2]$；曲线 II 的离子浓度关系符合 $c(Mg^{2+}) \cdot c(CO_3^{2-})=K_{sp}(MgCO_3)$ [注：起始 $c(Na_2CO_3)=0.1\ mol \cdot L^{-1}$，不同 pH 值下的 $c(CO_3^{2-})$ 由图1得到]。

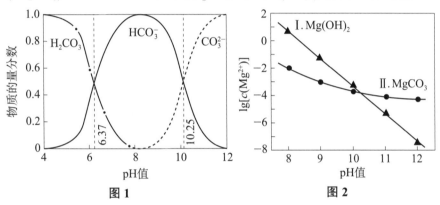

图1   图2

下列说法不正确的是（　　）。

A. 由图1，pH=10.25，$c(HCO_3^-)=c(CO_3^{2-})$

B. 由图2，初始状态 pH=11，$lg[c(Mg^{2+})]=-6$，无沉淀生成

C. 由图2，初始状态 pH=9，$lg[c(Mg^{2+})]=-2$，平衡后溶液中存在：$c(H_2CO_3)+c(HCO_3^-)+c(CO_3^{2-})=0.1\ mol\cdot L^{-1}$

D. 由图1和图2，初始状态 pH=8，$lg[c(Mg^{2+})]=-1$，发生反应：$Mg^{2+}+2HCO_3^- \Longrightarrow MgCO_3\downarrow + CO_2\uparrow +H_2O$

答案：C

解析：本题是在探讨 Na_2CO_3 水溶液中 Mg^{2+} 形成 $MgCO_3$、$Mg(OH)_2$ 两种沉淀与 $c(Mg^{2+})$、pH 值的关系。从沉淀溶解平衡原理可知，当 $c(Mg^{2+}) \cdot c^2(OH^-) \geqslant K_{sp}[Mg(OH)_2]$ 时，可产生 $Mg(OH)_2$ 沉淀；当 $c(Mg^{2+}) \cdot c(CO_3^{2-}) \geqslant K_{sp}(MgCO_3)$ 时，可产生 $MgCO_3$ 沉淀。这

里，$c(Mg^{2+})$ 与两种沉淀的关系已经非常明确，而 pH 值与两者的关系受不同 pH 值下溶液中 $c(OH^-)$、$c(CO_3^{2-})$ 不同的影响。

图 2 已经将两种沉淀与 $c(Mg^{2+})$、pH 值的关系直接绘制在一幅图中。纵坐标数值越大，代表 $c(Mg^{2+})$ 越大，越易形成沉淀，因此可以看出曲线上方代表此时会形成该沉淀；反之，曲线下方表示不会形成该沉淀。

（1）图 1 中，当 pH＝10.25 时，代表 CO_3^{2-} 与 HCO_3^- 的曲线相交于一点，即表示此时这两种离子的物质的量分数相等，因此它们的物质的量浓度也是相等的，选项 A 正确。

（2）在图 2 中找到 pH＝11、$lg[c(Mg^{2+})]＝-6$ 对应的位置，在两条曲线的下方，通过我们之前的分析知道，此时两种沉淀都不会形成，选项 B 正确。

（3）在图 2 中找到 pH＝9、$lg[c(Mg^{2+})]＝-2$ 对应的位置，位于 $Mg(OH)_2$ 曲线的下方、$MgCO_3$ 曲线的上方，说明此时未形成 $Mg(OH)_2$ 沉淀，但已经形成 $MgCO_3$ 沉淀。$MgCO_3$ 沉淀的形成必定导致溶液中含碳粒子数的减少，因此 $c(H_2CO_3)+c(HCO_3^-)+c(CO_3^{2-})$ 的值一定小于 Na_2CO_3 初始浓度 $0.1\ mol\cdot L^{-1}$，选项 C 错误。

（4）在图 2 中找到 pH＝8、$lg[c(Mg^{2+})]＝-1$ 对应的位置，同（3）一样，此时未形成 $Mg(OH)_2$ 沉淀，但已经形成 $MgCO_3$ 沉淀。图 1 中，当 pH＝8 时，溶液中含碳粒子主要以 HCO_3^- 形式存在，可得到此时的反应物为 Mg^{2+} 与 HCO_3^-，产物之一为 $MgCO_3$。在形成 $MgCO_3$ 时，HCO_3^- 会解离出一个 H^+，而 H^+ 会与溶液中大量的 HCO_3^- 结合生成 CO_2 与 H_2O，把两个过程合起来即可得到总反应的方程式：$Mg^{2+}+2HCO_3^-\xlongequal{\ \ \ }MgCO_3\downarrow+CO_2\uparrow+H_2O$，选项 D 正确。

（蔡元博）

12 如何在吃好的同时有一口好牙？

? 坚硬的牙齿的主要成分是什么呢？

? 为什么会产生蛀牙？

? 刷牙为什么可以保护牙齿？

? 日常生活中还有哪些饮食习惯可以帮助保护牙齿？

 观察与发现 ❶

　　热闹的春节刚刚过去，小文走亲访友，不仅品尝了丰盛的筵席，还和伙伴吃了不少零食、喝了不少饮料：糖果、蛋糕、奶茶、果汁……每天小文都吃喝得特别开心。这天一早醒来，他却遇到了一个小麻烦，有一颗牙开始隐隐有些不舒服。被妈妈一问，小文才想起，这两天晚上睡前都没有好好刷牙。妈妈提醒小文："不能忘记每天早晚刷牙。牙齿是咱们身体中非常重要的器官，既要负责咀嚼食物，也要负责辅助说话。如果不好好保护牙齿，长了蛀牙可就麻烦了。"小文赶紧跑去卫生间，认认真真地刷了一遍牙。刷完了牙，小文也想到了一些问题，想从化博士这里找到答案。

坚硬的牙齿的主要成分是什么呢?

牙齿是人体中最硬的器官。牙齿的构造主要包括牙釉质、牙本质、牙骨质和牙髓等部分。其中,牙釉质是人体骨质中最坚硬的部分,包绕在牙齿表面,呈乳白色。在牙釉质中,羟基磷灰石占96%,水和有机物占4%。羟基磷灰石是一种难溶于水的固体物质,因此在健康的口腔环境下,主要由羟基磷灰石构成的牙釉质可以保护牙齿中的神经、血管等部分。

为什么会产生蛀牙?

龋齿,也就是俗称的蛀牙,是一种由多种因素共同影响而导致的常见口腔疾病。目前,公认的龋齿病因主要是由食物中的糖类(如:糖果、饮料中的蔗糖和米面制品等精制碳水化合物)引起的。它们附着于牙齿表面,在适宜温度下,可以在牙菌

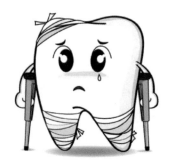

受伤的牙齿

斑深层产生酸性物质,侵袭牙齿表面。以牙齿表面的羟基磷灰石为

例，尽管它在水中溶解度很小，但在酸性环境中，它的溶解度会增大，并与酸性物质反应，逐渐减少，就会减少对牙齿的保护。进而牙齿内部的有机质被破坏，产生龋齿。常喝碳酸饮料确实易导致龋齿，但是其中碳酸的作用并不大。碳酸的酸性很弱，不足以对牙齿产生明显的腐蚀。不过碳酸饮料中常添加柠檬酸、磷酸等物质，它们的酸性比碳酸强，有些碳酸饮料的pH值甚至低至2。在这样的酸性溶液的长期浸泡下，牙齿的确会被腐蚀。不过碳酸饮料的酸性只是它引起龋齿的原因之一，另一个更重要的原因是碳酸饮料中含有大量的糖。糖本身虽然不具有酸性，但它附着在牙齿上，逐渐被牙齿表面的细菌代谢为葡萄糖酸、乳酸、乙酸等酸性物质，能对牙齿产生很大的腐蚀作用。因此少喝含糖饮料、饭后漱口、早晚刷牙都是预防龋齿、保护牙齿健康的重要方法。

刷牙为什么可以保护牙齿？

刷牙最主要的目的是清洁口腔环境、减少食物残渣、祛除牙菌斑，因为只有牙菌斑才能在牙齿表面形成稳定的附着。祛除牙菌斑，还能减少牙垢、牙结石等牙齿问题。而且，我们日常使用的牙膏中，都会添加少量的含氟化合物，例如氟化钠（NaF）、单氟磷酸钠（Na_2PO_3F）等。这些含氟化合物在刷牙的过程中，会释放出氟离子（F^-），氟离子与羟基磷灰石可发生如下化学反应：

$$Ca_5(PO_4)_3(OH)(s)+F^-(aq)\Longrightarrow Ca_5(PO_4)_3F(s)+OH^-(aq)$$

反应中生成更加难溶的氟磷灰石，会增强牙釉质的结构，降低其溶解性，从而增强牙齿的抗龋齿能力，保护牙齿的健康。不过，过量摄入氟离子对人体也是有害的，可能引起氟斑牙、氟骨症等疾病。我们日常饮食、饮水中可能已经摄入一定浓度的氟离子（含量与地域密切相关），因此是否需要使用含氟牙膏需要根据各地区具体情况进行判断。

除了每天刷牙，日常生活中还有哪些饮食习惯可以帮助保护牙齿？

从日常饮食角度来看，首先，我们可以通过补钙来帮助保持牙齿健康。牛奶、奶酪等都是补钙佳品。大豆及其制品、芝麻酱、坚果、鱼虾贝类等海鲜也是补钙食品中很好的选择。其次，大多数深绿色蔬菜的钙含量都很高，如菠菜、芥蓝等，而且蔬菜中含有的维生素、镁、钾等能促进人体对钙的吸收和利用。

另外，古人的智慧对我们也同样很有启发。早在宋代，著名文学家苏轼在《东坡杂记》中就曾指出，"吾有一法，常自珍之。每食已，辄以浓茶漱口，烦腻既去"，说的是他饭后经常用茶水漱口，以保护牙齿，减少口腔疾病。科学家们研究茶叶所含的成分发现，其中不仅有丰富的钙元素，还有许多生物碱和多酚类物质，这些成分都有益于牙齿健康。另外，茶树是一种能从土壤中吸收氟元素的植物，是植物界中氟元素含量最高的几种植物之一，因此，我们也可通过饮茶补充人体所需的氟，从而起到一定的预防龋齿的作用。当然，我也需要提醒你，虽然饮茶对牙齿健康有好处，但也不要过量饮用浓茶，避免因为色素累积产生茶渍牙，适量饮用即可。

我知道了

牙齿表面的牙釉质主要含有羟基磷灰石。它是一种难溶于水的坚硬固体，但会与酸反应。口腔中牙齿接触食物残留产生的酸性物质会与羟基磷灰石发生反应，长此以往牙齿表面的结构被破坏，从而引起蛀牙。

刷牙之所以能保护牙齿，是因为刷牙可以清洁口腔环境、减少食物残渣、祛除牙菌斑；并且牙膏中添加的含氟化合物，能够通过反应将羟基磷灰石转化为更难溶解的氟磷灰石。

在日常的饮食中，我们需要控制糖类物质或含有酸性物质的食物的摄入量，可通过奶制品、蔬菜等食物补充钙元素。同时，适量饮茶也有助于保护牙齿。

知识链接

难溶电解质的沉淀溶解平衡：

以氯化银（$AgCl$）为例，从固体溶解和沉淀生成的角度，我们可以看出，$AgCl$ 在溶液中存在下述两个过程：过程一，在水分子的作用下，少量 Ag^+ 和 Cl^- 脱离 $AgCl$ 的表面进入水中，这一过程就是

溶解；过程二，溶液中的 Ag^+ 和 Cl^- 受 AgCl 表面阴、阳离子的吸引，回到固体表面析出，这一过程就是沉淀。一定温度下，当沉淀和溶解的速率相等时，得到 AgCl 的饱和溶液，即建立下列动态平衡：

$$AgCl(s) \rightleftharpoons Ag^+(aq)+Cl^-(aq)$$

这种平衡称为沉淀溶解平衡。该平衡常数也被称为溶度积常数，表示为：

$$K_{sp}=c(Ag^+) \cdot c(Cl^-)$$

 真题实战

1. ［2021 北京海淀高三二模，14］某品牌牙膏的成分有水、丙三醇、二氧化硅、苯甲酸钠、十二烷基硫酸钠和氟化钠等。

已知：牙釉质中含有羟基磷酸钙，它是牙齿的保护层。牙齿表面存在平衡 $Ca_5(PO_4)_3OH(s) \rightleftharpoons 5Ca^{2+}(aq)+3PO_4^{3-}(aq)+OH^-(aq)$；$K_{sp}[Ca_5(PO_4)_3OH] > K_{sp}[Ca_5(PO_4)_3F]$。

下列说法不正确的是（   ）。

A. 若牙膏呈弱酸性，更有利于保护牙釉质

B. 丙三醇的俗称是甘油

C. SiO_2 是摩擦剂，有助于去除牙齿表面的污垢

D. NaF 能将 $Ca_5(PO_4)_3OH$ 转化为更难溶的 $Ca_5(PO_4)_3F$，减少龋齿的发生

答案：A

解析：原本牙釉质中存在沉淀溶解平衡 $Ca_5(PO_4)_3OH(s) \rightleftharpoons 5Ca^{2+}(aq)+3PO_4^{3-}(aq)+OH^-(aq)$，在酸性环境中，$H^+$ 与 OH^- 结合生

成 H_2O，H^+ 与 PO_4^{3-} 结合生成 HPO_4^{2-}、$H_2PO_4^-$ 等离子，使 $c(OH^-)$ 与 $c(PO_4^{3-})$ 降低，导致上述沉淀溶解平衡正向移动，增加了 $Ca_5(PO_4)_3(OH)$ 的溶解，从而形成龋齿。因此偏碱性的环境更有利于保护牙釉质，选项 A 是错误的。

B、C、D 三个选项讨论了牙膏中各成分所起的作用。其中丙三醇是甘油的化学名称，起到保水、改善牙膏状态的作用；二氧化硅是难溶于水的坚硬固体粉末，作用是摩擦剂，用于物理摩擦去除牙齿表面的污垢；苯甲酸钠是防腐剂，以延长牙膏的保质期；十二烷基硫酸钠是表面活性剂，在刷牙时帮助起泡及辅助污垢脱离牙齿表面。因此选项 B、选项 C 均是正确的。

NaF 是牙膏防护龋齿的最重要的成分。根据已知信息，$K_{sp}[Ca_5(PO_4)_3OH] > K_{sp}[Ca_5(PO_4)_3F]$，即 $Ca_5(PO_4)_3F$ 比 $Ca_5(PO_4)_3OH$ 更难溶于水。因此加入 NaF 后，可发生反应 $Ca_5(PO_4)_3(OH)(s) + F^-(aq) \Longrightarrow Ca_5(PO_4)_3F(s) + OH^-(aq)$，由于 $Ca_5(PO_4)_3F$ 更难溶解，也就更不易发生龋齿。选项 D 是正确的。

2. ［2013 北京，10］实验：

①将 $0.1\ mol \cdot L^{-1}$ $AgNO_3$ 溶液和 $0.1\ mol \cdot L^{-1}$ NaCl 溶液等体积混合得到浊液 a，过滤得到滤液 b 和白色沉淀 c；

②向滤液 b 中滴加 $0.1\ mol \cdot L^{-1}$ KI 溶液，出现浑浊；

③向沉淀 c 中滴加 $0.1\ mol \cdot L^{-1}$ KI 溶液，沉淀变为黄色。

下列分析不正确的是（　　）。

A. 浊液 a 中存在沉淀溶解平衡：$AgCl(s) \Longrightarrow Ag^+(aq) + Cl^-(aq)$

B. 滤液 b 中不含有 Ag^+

C. ③中颜色变化说明 AgCl 转化为 AgI

D.实验可以证明 AgI 比 AgCl 更难溶

答案：B

解析：实验①中得到含有 AgCl 沉淀的 AgCl 饱和溶液，故 A 正确；过滤后，滤液 b 中仍有 Ag⁺ 存在，故 B 错误；加入 KI，生成溶解度更小、更难溶的 AgI 黄色沉淀，故 C、D 正确。

（过新炎，贺新）

13 如何炸出好吃的油条？

? 传统制作工艺是如何做出松软可口的油条的？

? 在家如何自制营养美味的油条？

 ### 观察与发现 ❶

　　小文看到街边小摊正在炸油条，眼看一小条生面放入油锅中，不一会儿就变得金黄膨松。小文买了一根尝了尝，外焦里嫩，松软可口。

炸油条的传统制作工艺是什么呢？除了面粉还添加了哪些物质？

炸油条首先要和面，需要加入碱剂、明矾、食盐和水。在两次醒发面团的过程中，这些成分相互反应。

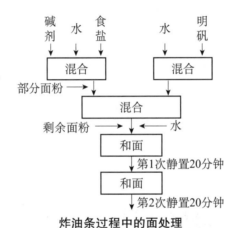

炸油条过程中的面处理

我知道面包在发酵的过程中产生了二氧化碳，难道上述这些物质之间发生反应也产生了二氧化碳？

说得对，明矾提供的 Al^{3+} 和碱剂（小苏打）提供的 HCO_3^- 发生了如下反应：$Al^{3+}+3HCO_3^- {=\!=\!=} Al(OH)_3\downarrow+3CO_2\uparrow$，产生的二氧化碳

使得油条变得松软可口。

 观察与发现 ❷

　　小文回到家中，想就地取材，在家炸一次油条，于是第一时间找到了三种发酵粉：酵母、速效发酵粉和复合膨松剂。

酵母　　　　速效发酵粉　　　　复合膨松剂

　　化博士，哪一种可以用于炸油条呢？

　　它们都是发酵粉。小文你可以做个厨房实验，看看用哪种发酵粉做出来的油条更好吃，更松软可口。

　　小文开始尝试用三种不同的发酵粉醒发面团炸油条，结果发现，用酵母和速效发酵粉醒发的面团，炸油条的时候油条没有太大变化，但是用复合膨松剂醒发的面团在炸油条的时候，油条明显变得更膨松、更松软。

化博士，复合膨松剂炸出的油条最好吃，这是为什么呢？

酵母是生物发酵，所以醒发面团就是酵母菌与面团作用产生二氧化碳的过程。一旦将面团放入油锅，酵母菌在高温下就失活了，油条不会有明显变膨松的二次发酵过程。速效发酵粉的发酵过程也是类似的：碳酸氢钠与有机酸遇水后发生反应，使面团在室温下醒发，快速生成二氧化碳实现发酵。复合膨松剂成分较多，原理也较为复杂。小文，你给大家找一下复合膨松剂的成分，我们一起来分析。

找到啦！复合膨松剂的成分有碳酸氢钠、焦磷酸二氢二钠、磷酸二氢钠、柠檬酸、苹果酸、磷酸二氢钙、碳酸钙等。

柠檬酸和苹果酸的酸性强于碳酸，可以和碳酸氢钠反应生成二氧化碳。所以，柠檬酸、苹果酸和碳酸氢钠均为速效发酵粉的成分。磷酸二氢根离子的酸性比碳酸的弱，因此焦磷酸二氢二钠和磷酸二氢钠从原理上说很难与碳酸氢钠反应产生二氧化碳。我们做一个小实验：分别将焦磷酸二氢二钠和磷酸二氢钠与碳酸氢钠的混合溶液加热，均可看到大量气泡生成。

为什么从原理上看不反应的物质，加热又可以发生反应了呢？

从反应进行程度来看，磷酸二氢根离子的酸性略小于碳酸的酸性，尽管反应程度小，但是还是可以反应的，加热有利于增大磷酸二氢根离子提供氢离子的能力。此外加热也能促进碳酸分解，使得总反应进行程度进一步增大。从反应速率来看，加热还可以加快反应速率，因此加热的时候我们看到了磷酸二氢盐与碳酸氢钠产生二氧化碳的过程。小文你能解释一下，为什么使用复合膨松剂发酵的油条在油炸过程中有明显的发酵膨松吗？

我明白了，磷酸二氢盐与碳酸氢钠在室温下发酵效果有限，但是经高温油炸的时候，快速产生的二氧化碳使得油条进一步变得膨松，起到了二次发酵的作用，所以在炸油条的时候，用复合膨松剂比用酵母和速效发酵粉更能做出膨松美味的油条。

说得对，因此复合膨松剂不仅仅是成分上的复合，更是发酵功能上的复合，特别适合油炸食物的发酵。此外磷酸二氢盐提供的磷元素对人体健康有重要作用，使人在享受美味的同时，还能给人带来健康保障！

　　油条是发面食物，和面的过程需要加入发酵粉，而发酵的原理就是在面团中产生二氧化碳气体，使面团变得松软多孔。传统油条的制作是用明矾和碱剂混合反应产生二氧化碳。在家自制油条可以选用酵母、速效发酵粉或复合膨松剂来发面。酵母属于生物发酵，高温会失活。速效发酵粉中的柠檬酸或苹果酸可与碳酸氢钠快速反应生成二氧化碳，使面团在常温醒发。最适合炸油条的当属复合膨松剂，其成分中的磷酸二氢盐与碳酸氢钠在常温反应程度小，适合高温油炸过程中对油条进行二次发酵，因此制作出来的油条也更松软。

　　膨松剂中的碱剂主要选用的是碳酸氢钠；不同种类膨松剂中的酸剂有所不同，传统发酵中用的明矾和复合膨松剂中的柠檬酸、苹果酸、磷酸二氢盐，焦磷酸二氢盐均为酸剂。明矾中的 Al^{3+} 通过水解提供 H^+；柠檬酸、苹果酸、磷酸二氢盐、焦磷酸二氢盐通过电离提供 H^+。

真题实战

　　磷酸酸式盐是重要的食品添加剂。磷酸（H_3PO_4）在水溶液中各种微粒的物质的量分数 δ 随 pH 值变化的曲线如下图所示：

　　（1）向某浓度的磷酸溶液中滴加 NaOH 溶液，以酚酞为指示剂，当溶液由无色变为浅红色时，发生的主要反应的离子方程式是_____。

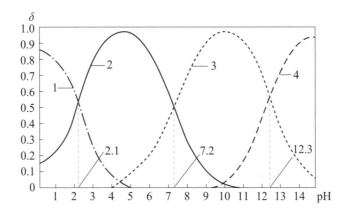

（2）从图中推断下列说法正确的是（   ）。

A. 25℃时，H_3PO_4 的第三步电离常数为 $10^{-12.3}$

B. Na_2HPO_4 溶液中：$c(Na^+) > c(H_2PO_4^-) > c(PO_4^{3-}) > c(HPO_4^{2-})$

C. pH $= 7.2$ 时，溶液中：

$$c(Na^+) + c(H^+) = 3c(H_2PO_4^-) + 3c(PO_4^{3-}) + c(OH^-)$$

答案：

（1）$H_2PO_4^- + OH^- \Longrightarrow HPO_4^{2-} + H_2O$

（2）AC

解析：（1）图中曲线 1 对应 H_3PO_4，曲线 2 对应 $H_2PO_4^-$，曲线 3 对应 HPO_4^{2-}，曲线 4 对应 PO_4^{3-}。酚酞变色时其 pH 值范围为 8.2~10，此时图中显示 $H_2PO_4^-$ 物质的量分数变小，HPO_4^{2-} 物质的量分数增大，因此发生的反应为：$H_2PO_4^- + OH^- \Longrightarrow HPO_4^{2-} + H_2O$。

（2）$K_{a3} = c(H^+) \cdot c(PO_4^{3-})/c(HPO_4^{2-}) = c(H^+) = 10^{-12.3}$，故 A 正确。由图可知 Na_2HPO_4 溶液显碱性，因此 HPO_4^- 水解大于电离，正确的离子浓度为 $c(Na^+) > c(HPO_4^{2-}) > c(H_2PO_4^-) > c(PO_4^{3-})$，故 B 错误。pH $= 7.2$ 时，图示 $c(HPO_4^{2-}) = c(H_2PO_4^-)$，根据电荷守恒可知溶液中 $c(Na^+) + c(H^+) = 2c(HPO_4^{2-}) + c(H_2PO_4^-) + 3c(PO_4^{3-}) + c(OH^-)$，溶液中 $c(Na^+) + c(H^+) = 3c(H_2PO_4^-) + 3c(PO_4^{3-}) + c(OH^-)$，故 C 正确。故答案为 AC。

（王珊珊）

14　谈谈味精

❓ 味精的成分是什么?

❓ 味精对人有害吗?

❓ 如何合理使用味精?

❓ 测定有机物结构有哪些常用的方法?

 观察与发现❶

味精对人
有害吗?

　　小文跟着妈妈学习做菜,在菜准备出锅前,妈妈向锅中加了一小勺味精,对小文说:"加一点味精可以让菜尝起来更鲜。"爸爸听到后走过来说:"味精吃多了不好,应该用鸡精,更健康。"小文听到爸爸和妈妈的对话后产生了一些疑惑："味精是什么？它对人有害吗？鸡精比味精更健康吗？"

味精的成分是什么？

1908 年，日本一化学教授从海带中提取出一种具有鲜味的物质，经研究确定其结构，确认它是一种名为谷氨酸的氨基酸。随后，人们将谷氨酸制成相应的钠盐，使其溶解性更好，鲜味也得到极大提升，于是把它作为一种商品用于增加食物的鲜味，其商品名为"味之素"，也就是我们现在所说的味精。

谷氨酸（左）与谷氨酸钠（右）的结构

从结构上我们可以清楚地知道，味精就是一种含谷氨酸的钠盐，化学名称为谷氨酸钠。谷氨酸是组成蛋白质的 20 种基本氨基酸之一，谷氨酸和谷氨酸盐广泛存在于自然界各种生物中。除了海带外，各种肉类、菌菇、竹笋、水产、海鲜等食材中都含有非常丰富的谷氨酸盐。我们传统的做菜方法中常直接使用这些食材或将它们加入熬制的汤中来提鲜，其实就是利用了它们当中的谷氨酸盐。

在现代的食品工业中，人们大多以淀粉为原料，采用微生物发酵法大量生产味精，不仅做菜时会直接使用味精进行调味，也会把

它加入到很多其他调味品以及零食中起到增鲜的作用。

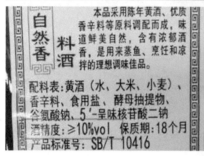

酱油、蚝油、料酒、薯片中添加的谷氨酸钠

味精对人有害吗?

从前面对味精成分和来源的认识中,我们不难看出,它来源于自然界广泛存在的谷氨酸,可以说从人类出现起它就一直存在于人们的食物之中,不应对人体有害。但是受工业化的影响,人们潜意识里一直认为味精是工业制品,工业制品是非天然的,非天然的一定对人有害,因此关于味精是否有害的争论从未间断过。20世纪六七十年代，美国曾一度掀起一股反味精浪潮，许多人坚称味精会引起四肢发麻、心悸、浑身无力等症状，还给该症状起了一个颇具歧视性的名字——中国餐馆综合征。鉴于味精的使用如此广泛，而人们对它的恐慌也日渐严重，许多国家和组织都对味精的毒性和食品安全性做了充分的研究，这些研究均已证实合理地使用味精对人体是无害的。1987年，联合国粮农组织及世界卫生组织取消了对味精食用加以限量的有关规定。1999年我国也完成了对味精的长期毒理实验，得出了与国际上一致的结论，即使用味精是安全的。

鸡精是什么呢？它比味精更健康吗？

鸡精其实是在20世纪90年代产生的一种增鲜调味品。"鸡精"这一名字容易让人联想到"从鸡中提取精华"这一概念，从而产生"更营养""更天然""更健康"的主观印象。利用当时人们对味精的排斥心理，鸡精迅速挤占味精的市场，直至今日仍有许多人认为鸡精比味精更健康。

然而，如果仔细观察鸡精的配料表就能发现，鸡精最主要的配料就是味精，含量不少于35%。然后，在其基础上添加另一种鲜味物质——呈味核苷酸二钠，进一步提升鲜味的层次感，加入鸡肉粉增添一些鸡的鲜香，并加入食用盐及其他调味剂以调节其口感。所以，鸡精相比味精，鲜味更突出，味道更丰富、更有层次，但论起健康，两者并无什么差别，合理、适当使用都是安全的。

配　　料：味精、食用盐、大米、白砂糖、鸡肉、食品添加剂（5′-呈味核苷酸二钠、核黄素）、鸡蛋全蛋液、食用香精、咖喱粉、小葱、大蒜。

某品牌鸡精的配料表

小　文

知道了，所以做菜时可以随意添加味精？

化博士

也并不是如此，对味精或鸡精的使用，依然要注意它们的用法和用量。

首先说用法。我们常听说做菜时要到菜快出锅时再加味精，这个说法是有一定道理的。最主要的原因是谷氨酸在受热情况下会发生分子内脱水，转化为焦谷氨酸。

焦谷氨酸的结构

焦谷氨酸也广泛存在于自然界生物体内，尤其动物的大脑，如在脑脊液等神经系统中含量颇丰。对焦谷氨酸的研究也已经证明它与谷氨酸一样对人体是无毒、无致癌性的，甚至也有研究发现焦谷氨酸有增强大脑功能、提高记忆力的作用。但是与谷氨酸不同的是，焦谷氨酸及其钠盐并无鲜味，因此通常建议味精不要放入过早，否则可能会损失很多鲜味。

那么，谷氨酸加热至多少度会开始转化呢？已有的实验表明，谷氨酸溶液在120℃加热2小时后，其中的谷氨酸含量并无明显变化。但当温度升至177℃以上，谷氨酸即可出现明显的脱水；温度更高（约200℃以上）时，焦谷氨酸也会开始发生热分解。我们日常做菜的温度与烹饪方式有很大关系。常见的蒸、煮、炖等方式的温度一般不会超过120℃，在这类烹饪中什么时候加入味精其实差别不大；炒菜时温度可以达150℃～180℃，此时需要考虑缩短加热味精的时间，即在快出锅时加味精，可以更好地保留鲜味；而爆炒、煎、炸等烹饪方式的温度可达200℃～250℃，甚至更高，应尽量避免在这个温度下使用味精。

其次谈用量。味精作为食品添加剂中的增鲜剂，只需加入少量即可起到明显的增鲜效果，加入太多味精反而可能导致味道发生改变，使菜变得不好吃。另外，味精的成分谷氨酸钠是一种钠盐，若使用过多，尤其是做菜通常还会加入食盐的情况下，易导致钠离子摄入过量，而钠离子摄入过量是引起高血压等疾病的重要因素，因此味精的用量也需控制，不建议长期大量使用。

 观察与发现❷

小文学习了味精的知识后感触很深，并对味精的发现充满好奇：人们是如何确定味精的结构的呢？

味精的结构是如何测定的？

有机物的结构非常复杂，存在很多同分异构现象，即很多物质的分子式虽然相同却拥有不同的结构。因此，有机物结构的测定不仅需要通过性质实验确定，还需要借助很多仪器进行辅助判断。常见的测定有机物结构的基本方法如下：

（1）元素分析（简称EA）：测定有机物中各元素的种类和数量比。大多数有机物是可燃的，因此最常用的方法是燃烧法——将有机物充分燃烧，使其中的碳元素转化为二氧化碳、氢元素转化为水、氮元素转化为氮气（N_2），通过测定二氧化碳、水、氮气的量来确定碳、氢、氮元素的质量占比。若占比之和不到100%，剩余部分即是氧元素。如此，便可计算出该有机物中碳、氢、氮、氧的原子个数比。

如14.7 g谷氨酸充分燃烧，可产生22.0 g二氧化碳、8.1 g水及标准状况下1.12 L氮气，则可计算出谷氨酸中碳、氢、氮、氧的原子个数比为5∶9∶1∶4，该比例用化学符号可表示为$C_5H_9NO_4$，该符号被称为谷氨酸的实验式或最简式。

一种测定有机物中元素种类和含量的实验装置

（2）质谱分析（简称 MS）：通过质谱仪测定有机物的相对分子质量。在质谱仪中，有机物分子会带上电荷，质谱仪通过测定分子的质荷比（即质量与电荷量的比值）即可确定相对分子质量。再结合元素分析计算出的最简式，便可得到该分子的化学式或分子式。如利用质谱分析可测出谷氨酸的相对分子质量为 147，那么其化学式（或分子式）就是 $C_5H_9NO_4$。

（3）红外光谱分析（简称 IR）：通过红外光谱仪确定有机物中特殊的化学键（确定有机物的官能团）。化学键振动时会吸收红外光，不同化学键振动时所需的能量不同，其吸收的光的波长也就不同。通过红外光谱仪，可测定分子对不同波长红外光的吸收情况，从而判断分子中含有哪些化学键。如图所示，在谷氨酸的红外光谱中，在波数约 3 500 cm^{-1} 附近会出现 N—H 键和 O—H 键伸缩振动产生的吸收峰，在波数约 1 700 cm^{-1} 附近会出现 C=O 键伸缩振动产生的吸收峰。这几类化学键也是谷氨酸的红外光谱中最具特征、最易辨认的化学键了。

（4）结合化学性质确定官能团种类。官能团是有机物中具有特殊结构、能赋予有机物特殊性质的基团，那么通过这些特殊性质，我们也可以反推该有机物所具有的官能团。如向谷氨酸的悬浊液中加入盐酸或氢氧化钠都可使溶液变澄清，说明谷氨酸分子中既含有能与碱反应的羧基（—C—O—H），又含有能与酸反应的氨基（—N—），甚至通过监测溶液 pH 值随 NaOH 用量的变化，可以进一步确定一个谷氨酸分子中含有 2 个羧基。通过谷氨酸能使茚三酮溶液变为蓝紫色，可以确定谷氨酸分子中氨基的具体结构为—NH$_2$。

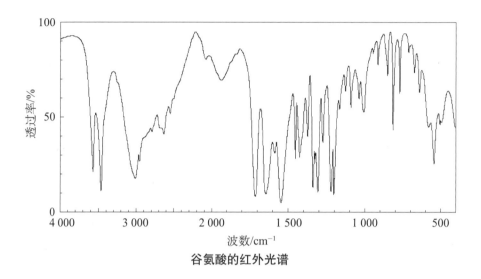

谷氨酸的红外光谱

（5）核磁共振氢谱分析（简称 ^{1}H-NMR）：通过核磁共振谱仪可确定分子中氢元素所处的化学环境和相应的个数。氢原子受周围所连原子或基团的影响，在磁场下会吸收不同频率的电磁波，通过核磁共振谱仪可以测定分子对不同频率电磁波的吸收强度，吸收强度可反映出分子中氢原子周围所连原子或基团的情况（氢元素所处的化学环境）。如谷氨酸的核磁共振氢谱中会出现三组明显的峰，代表分子中含有 3 种不同化学环境的氢（该氢谱中 N—H 键、O—H 键中的氢不显示）；三组峰的峰面积之比为 1∶2∶2，代表这三种氢原子的个数比为 1∶2∶2；三组峰横坐标所对应的位置（称为化学位移，代表了不同氢原子所处的化学环境偏离基准氢原子的程度）也能反映该氢原子周围原子的连接情况——如化学位移 3.8 左右的峰对应了谷氨酸中与氨基相连的碳上的氢原子，化学位移 2.4 左右的峰对应了其中与 C=O 键相连的碳上的氢原子。通过核磁共振氢谱可以推断出有机物碳骨架的结构、官能团在碳骨架上的位置等信息，最终我们就可以拼凑出有机物分子的结构啦！

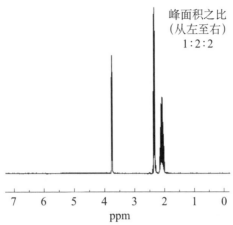

谷氨酸在氘代水（D_2O）中的核磁共振氢谱

 我知道了

味精是一种常见的食品添加剂，被用于许多食品或调味品之中，用于增鲜提味。它的成分是谷氨酸钠，是一种常见的氨基酸——含谷氨酸的钠盐。谷氨酸与谷氨酸钠广泛存在于各种食物中，也已经有研究充分表明它们对人体是安全的，因此日常生活中若合理适当地使用味精，完全不用担心它的危害。

由于味精高温下可转化为焦谷氨酸/焦谷氨酸钠，从而损失鲜味，因此在进行炒菜等温度较高的烹饪时，建议尽量缩短味精的加热时间，在菜快出锅时再加入味精。由于味精加入过多可能会产生异味，并且有钠离子摄入超标的风险，因此也不建议长期、过量地使用味精。

有机物的结构十分复杂，因而测定有机物结构需要结合多种

方法：通常先通过元素分析确定有机物所含元素的种类及原子个数比；再通过质谱分析测定有机物的相对分子质量，从而确定其化学式；再通过红外光谱分析测定有机物中的特殊化学键；通过化学性质进一步确定其官能团的种类和个数；最后通过核磁共振氢谱分析确定有机物碳骨架结构和官能团的位置。通过这一系列的实验分析和仪器分析，我们便可推测出该有机物的分子结构。

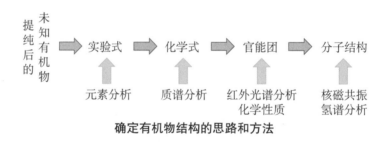

确定有机物结构的思路和方法

知识链接

在有机化学中，推断有机物的结构是最基本、最重要的环节之一。在分析从天然动植物中提取的有效成分时，我们需要先确定它们的结构；在合成新的有机物时，我们需要确定最终产物以及合成路线中所有中间产物的结构；在对有机分子进行修饰、改造，使其具有新的性质时，我们也需要了解分子结构与性质的关系；在推断有机物的结构时，它的化学性质以及元素分析、质谱分析、红外光谱分析以及核磁共振氢谱分析是较基础也最常用的方法。

 真题实战

1. [2023 北京，11] 化合物 K 与 L 反应可合成药物中间体 M，转化关系如下：

已知 L 能发生银镜反应，下列说法正确的是（　　）。

A. K 的核磁共振氢谱有两组峰

B. L 是乙醛

C. M 完全水解可得到 K 和 L

D. 反应物 K 与 L 的化学计量比是 1∶1

答案：D

解析：观察 K 的结构（如右图），分子关于 2 号碳原子对称，因此 1 号碳原子与 3 号碳原子上连的两个—NH_2 是等同的，形成同一组峰。而 2 号碳原子上还有 1 个氢，它与 2 号碳原子所连的—NH_2 分别各产生 1 组峰，因此 K 的核磁共振氢谱应有 3 组峰，故 A 错误。

观察反应前后物质的结构：对比 K 与 M 的结构不难发现，K 构成了 M 中六元环上两个氮原子及其右侧的整个部分，那么另一反应物 L 应构成 M 分子中六元环左侧碳碳双键的部分。在这个过程中，K 的 2 号碳原子上失去了 1 个氢，2 号碳原子所连—NH_2 上失去了

2 个氢，1 号碳原子所连—NH₂ 上失去了 1 个氢，共失去了 4 个氢，而另一产物只有水，可推断分子 L 应失去了 2 个氧，L 的分子式应为 $C_2H_2O_2$。结合 L 能发生银镜反应，说明 L 中含有醛基，那么 L 的结构应为 OHC—CHO，即 L 是乙二醛，故 B 错误。那么 K 与 L 的反应为：

可知 K 与 L 的化学计量比是 1∶1，故 D 正确。

虽然 M 可由 K 与 L 脱水缩合而来，但 M 水解并不一定会得到 K 与 L。我们可观察到 M 分子中含有的酰胺键完全水解后会转化为羧基（—COOH），K 中也含有可水解的酰胺键，因此 M 充分水解时不会得到含有酰胺键的 K，故 C 错误。

2. ［2022 北京，17］碘番酸是一种口服造影剂，用于胆部 X 射线检查。其合成路线如下（见下图）：

已知：$R^1COOH + R^2COOH \xrightarrow{\text{催化剂}} R^1-\overset{\overset{O}{\|}}{C}-O-\overset{\overset{O}{\|}}{C}-R^2 + H_2O$。

（1）A 可发生银镜反应，A 分子含有的官能团是＿＿＿＿＿＿＿。

（2）B 无支链，B 的名称是＿＿＿＿＿＿＿。B 的一种同分异构体其核磁共振氢谱中只有 1 组峰，其结构简式是＿＿＿＿＿＿＿。

（3）E 为芳香族化合物，E → F 的化学方程式是＿＿＿＿＿＿＿。

（4）G 中含有乙基，G 的结构简式是＿＿＿＿＿＿＿。

（5）碘番酸分子中的碘位于苯环上不相邻的碳原子上。碘番酸

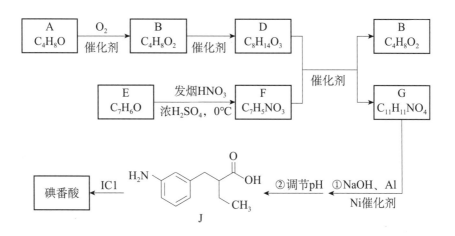

的相对分子质量为571，J的相对分子质量为193。碘番酸的结构简式是＿＿＿＿＿＿＿＿＿。

答案：（1）醛基（—CHO）

（2）正丁酸

（3）

（4）

（5）

解析：A的分子式是C_4H_8O，其不饱和度$\Omega=1$，说明其结构中包含1个双键或1个环。结合A能发生银镜反应，说明A中含有醛基（—CHO），则A中不再具有其他双键或环状结构。A经氧化可转化为B，B与A相比分子式中仅多了1个氧，可联想到醛基易

被氧化为羧基（—COOH）。B 中无支链，说明 A 中也无支链，则可确定 A 与 B 的结构分别为 ⌇⌇CHO（正丁醛）和 ⌇⌇COOH（正丁酸）。对比 B 与 D 的分子式可看出，D 由 2 个 B 反应脱 1 分子水得到，B 正好是羧酸，完全符合已知信息的要求，可得 D 的结构为 ⌇⌇⌇⌇。

　　E 是芳香族化合物，分子式为 C_7H_6O，不饱和度 $\Omega = 5$，除去苯环，还剩 1 个 C、1 个 O 和 1 个不饱和度，它们正好可以组成 1 个醛基，因此 E 应为苯甲醛。E → F 是一个典型的硝化反应，硝基的位置可由化合物 J 来确定。J 中苯环上的含氮取代基与含碳取代基处于间位，可知 F 中硝基与醛基也应处于间位，即 F 为间硝基苯甲醛，E → F 的化学方程式为

⌇CHO + HNO_3 $\xrightarrow[\text{0°C}]{\text{浓}H_2SO_4}$ ⌇CHO—NO_2 + H_2O。

　　G 的结构需由 D、F 与 J 共同推断。对比 D、F 与 J 的结构，可以发现 D 与 F 生成 G 的反应主要是将 C-a 与 C-b 相连（如下图）。

$$H_2N\text{—}\overset{b}{}\overset{a}{}\text{—COOH, }CH_3$$

此过程不涉及硝基的变化，将 J 中的氨基（—NH_2）替换为硝基（—NO_2）后，再对比 G 的分子式，还需减少 2 个氢。由于已知 G 中含有乙基，那么只能在 C-a 与 C-b 上分别脱 1 个氢，形成碳碳双键。G → J 的过程中使用了活泼金属 Al，它是一种还原剂，可以实现将硝基还原为氨基、将碳碳双键还原为单键的转化，因此前面

对 G 中结构的推断是完全合理的。那么便可得到 G 的结构：

从题目中对碘番酸的描述可知，从 J 到碘番酸的过程是苯环上的 H 被 I 取代的过程，此过程中相对分子质量增加了 378，每个 H 被取代为 I 会使相对分子质量增加 126，可知 J 被取代了 3 个氢。再考虑 3 个碘处在不相邻的碳上，那么它只能是：

B 的一种同分异构体（记为 B′）其核磁共振氢谱只有 1 组峰，说明 B′ 中所有的氢均等同，那么它的结构必须高度对称：碳骨架结构对称、官能团分布对称。分子中含有氧，我们可以先讨论氧的存在形式。B′ 的不饱和度只有 1，说明它最多只能有 1 个双键，而 B′ 有 2 个氧原子，说明它不能包含羰基、醛基、羧基等含 C=O 的结构；同时若氧上有氢，即含有—OH，那么氧上的氢与碳上的氢必然不同，因此氧只能以醚键的形式存在。接下来讨论碳骨架：若它为链状结构，则只能在结构中心处含有 1 个碳碳双键，两个氧对称地分布于两侧的碳与碳之间；若它为环状结构，则两个氧原子需对称地分布于环上。此处我们不妨尝试以双键为中心向 2- 丁烯、异丁烯中对称地插入氧原子，或考虑构建对称的四元环、五元环、六元环，可以得到以下结构：

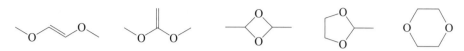

　　不难发现，只有最后一个六元环的结构才能满足所有氢均等同的要求，因此 B′ 的结构只能是 ![六元环结构]。

（蔡元博）

15 如何合理补充维生素 C？

❓ 维生素 C 是什么物质？它有哪些重要的性质？

❓ 如何测定不同果蔬中维生素 C 的含量？

❓ 如何合理补充维生素 C？

观察与发现 ①

繁忙的一天即将结束，爸爸、妈妈下班了，小文也放学了，一家三口一起逛家附近的超市。爸爸、妈妈跟小文说："小文啊，咱得往家里多买一些新鲜蔬菜和水果，多吃新鲜蔬果可以很好地补充维生素 C。"维生素 C 是什么？小文听说过，但还知之不多，认识得不够清楚和深刻。又到了小文和化博士的对话时间啦！

超市里码放整齐的水果和蔬菜

化博士，您好！维生素C是什么物质啊？

　　小文，你好！维生素C是白色晶体或粉末，无臭、味酸，是有机小分子，是人体必需的一种营养物质，广泛存在于新鲜的蔬菜和水果中。与糖类、蛋白质、油脂不同，维生素C并不是提供能量的物质，也并不作为人体结构的组成部分。维生素C扮演的角色是辅酶，即助力人体内酶的催化反应。维生素C能促进胶原蛋白的合成，使胶原蛋白的结构更加稳定，从而使人体内各个组织和器官都能各得其所地、较为稳定地存在。维生素C参与人体重要的生理活动，但是人体自身没法合成它，需要适量摄入。缺乏维生素C或者过量摄入维生素C都会导致身体出现异常。

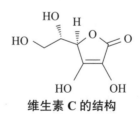

维生素C的结构

维生素C具有哪些重要的性质呢？

很好的问题！维生素 C 具有酸性、水溶性、还原性、热不稳定性。

一是酸性。请观察上图维生素 C 的结构，既有酯基，又有烯醇基，酯基水解或者烯醇基发生互变异构，都能使得维生素 C 水溶液中 H^+ 的数量增加，所以维生素 C 有一定的酸性。维生素 C 既能治疗坏血病，又具有一定的酸性，所以它又名抗坏血酸。

二是水溶性。与往往被添加到牛奶中、溶于牛奶脂肪中的脂溶性维生素 D 有着显著的不同，维生素 C 是水溶性的，比较容易被人体吸收。当摄入过多维生素 C 时，其也较为容易通过尿液排出，不会造成人体内维生素 C 含量过高，影响身体健康。但维生素 C 可能会在体内代谢分解成草酸，过量服用可能会因草酸排泄增多引起尿路结石。

三是还原性。维生素 C 作为抗氧化剂，既可以影响细胞内活性氧敏感的信号传导系统，调节基因表达，影响细胞分化与细胞功能，还可以清除人体内的自由基，保护细胞膜。正是由于维生素 C 的还原性，它能使红细胞中的高铁血红蛋白还原为血红蛋白，恢复血红蛋白运输氧气的功能。维生素 C 还能使食物中的三价铁离子转化为二价铁离子，促进人体对铁的吸收。果蔬放置过久后，由于空气中氧气等物质的氧化作用，果蔬中的维生素 C 含量会下降，所以，通常需要通过食用新鲜的果蔬来补充维生素 C。

四是热不稳定性。维生素 C 受热后结构会被破坏，失去还原活性，所以食物烹饪也应适度。过度烹饪的食物会导致补充维生素 C

的效果大幅下降。

观察与发现 ❷

小文听着化博士的讲解，一直在琢磨：是什么样的机缘巧合让人类发现了维生素 C 的存在和价值？如何测定维生素 C 在不同果蔬中的含量呢？

人类是怎么发现维生素 C 及其价值的呢？

大航海时代，长期吃不上新鲜果蔬的船员们罹患了坏血病，后来因为补充了野菜才使得病情得到控制。

小文，在初中化学课上，我们已经学过"结构决定性质、性质决定用途"。你能根据维生素 C 的结构，解释一下它的水溶性如何吗？

维生素 C 分子中有 4 个羟基，可以与水分子形成氢键，所以它能溶于水，所以是水溶性维生素。

那我追问一下：如何验证维生素 C 的还原性呢？

呃，是不是找常见的氧化剂就可以，比如高锰酸钾溶液、氯化铁溶液、碘水等？

小文真棒！你能联系已学知识来回答我的问题。果蔬中的维生素 C 可以使紫色的 $KMnO_4$ 溶液褪色。我给你提供以下实验资料：

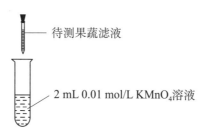

待测果蔬滤液

2 mL 0.01 mol/L $KMnO_4$ 溶液

将待测果蔬滤液滴加到 $KMnO_4$ 溶液中

取 4 支洁净试管，分别向其中加入 2 mL 的 $KMnO_4$ 溶液。研磨 100 g 不同果蔬，加 10 mL 水溶解，过滤后得到果蔬汁的滤液，然后逐滴向 $KMnO_4$ 溶液中滴加滤液，直至溶液褪色，并记录滤液的滴数。据此比较不同果蔬维生素 C 的相对含量。

不同果蔬维生素 C 含量的测定

被测果蔬	猕猴桃	柚子	白菜	白萝卜
褪色滴数	3 滴	7 滴	8 滴	11 滴

小文，请思考使溶液褪色的滴数与不同果蔬中维生素C含量之间的关系，并给出评价方案。

化博士好！您提供的实验方案应该是初中化学里学过的半定量实验，里面涉及了变量控制思想——固定氧化剂 $KMnO_4$ 的用量，记录能使 $KMnO_4$ 溶液褪色所滴加的含有还原剂（维生素C）的滤液的滴数，滴数越少，则说明该果蔬滤液中还原剂的含量越高。可见，在所测的同等质量的猕猴桃、柚子、白菜、白萝卜四种果蔬中，它们的维生素C的含量依次减小。

为小文点赞！事实上，为了测定维生素C的含量，通过查阅文献，我们会发现还有碘量法、紫外分光光度法、原子吸收法、高效液相色谱法等。这些检测方法都是利用了维生素C的性质，既可以定性分析，也可以半定量或定量测定。随着学习的推进，我们以后可以继续深入学习。

 观察与发现 ❸

从化学视角观察世界，从分子水平思考一下食材的营养价值。维生素C有着热不稳定性，厨房里炒、爆、熘、炸等烹饪方法都要用到高温。小文在琢磨：高温条件下，维生素C的结构岂不是会被破坏了？

化博士，既然维生素C受热后结构会被破坏，那岂不是也得注意烹饪方法和烹饪时长之类的问题？

没错，不仅烹饪时会破坏维生素C的结构，烹饪前的处理也会引起维生素C的流失。小文，结合以下文献资料，你觉得我们在做饭时需要关注什么问题？

采用几种不同的烹饪方法后维生素C的损失率

烹饪方法	维生素C 损失率（%）	烹饪方法	维生素C 损失率（%）
急火快炒2分钟	<15	70℃～80℃加热2小时	60～70
急火快炒2分钟 焖10分钟	40～50	70℃～80℃加热3小时	70～80
70℃～80℃加热1小时	40～50	70℃～80℃加热4小时 以上	90～95

资料来源：李思健，李晓．维生素C的结构、性质及在烹调中的变化．枣庄师专学报，2000（2）：73-74.

白菜在烹饪前的处理所造成的维生素 C 的损失率

处理方法	维生素 C 损失率（%）	处理方法	维生素 C 损失率（%）
切后放置 2 小时	2.4	切后浸泡 30 分钟	23.8
切后冲洗 2 分钟	8.4	切后烫 2 分钟不挤汁	45.1
切后浸泡 15 分钟	14.1	切后烫 2 分钟挤汁	77.1

资料来源：李思健，李晓 . 维生素 C 的结构、性质及在烹调中的变化 . 枣庄师专学报，2000（2）：73-74.

 小　文

　　由表中提供的数据可以看出：由于维生素 C 是水溶性的，烹饪前的过度冲洗和挤汁等都会造成维生素 C 溶解在水里而流失。由于维生素 C 具有热不稳定性，所以不是加热时间越长越好。可见，凡事都有一个度，过犹不及。

 化博士

　　小文分析得很有道理。从分子水平上看烹饪，它也是一门"分子料理"学问，就是要将烹饪技术和结果用科学方法去解释，并用数字精确控制。从微观角度，要想真正认识食物，就要将烹饪这一数千年的重复劳作方法用科学理论来解构与重建。其实，今天我们可以将从分子水平如何合理补充维生素 C 看成是"分子料理"的初级阶段。

　　还有，对于合理补充维生素 C，摄入充足的新鲜果蔬是最好的选择。市面上卖的维生素 C 片、维生素 C 泡腾片、多种维生素矿物质片也是可以补充维生素 C 的，功效是一致的，只不过不同产品中

的维生素 C 含量不同而已。尤其是维生素 C 泡腾片，需要注意不要直接吞服、含服或者咀嚼，因为泡腾片里有泡腾崩解剂，会产生二氧化碳，直接服用会有刺激性甚至有窒息风险，也不要用热水泡以免造成维生素 C 含量损失。

和您对话，真是长知识，谢谢您！

小文别客气，咱们一起学习，共同进步。

我知道了

维生素 C 是人体必需的水溶性的营养物质，人体没法合成它。通过食用新鲜蔬菜和水果，可以有效补充维生素 C，适量摄入维生素 C 有助于人体健康。维生素 C 含量的测定有很多种方法，包括定性、半定量和定量检测手段，比如高锰酸钾溶液滴定、碘量法等。对食材进行适度冲洗和烹饪，可以最大限度地保证维生素 C 不流失。服用维生素 C 补充剂时，也有一些注意事项，服用维生素片剂时所使用的水不宜过热，也不能过量服用。

维生素 C 是一种水溶性维生素，又名 L- 抗坏血酸，分子式为 $C_6H_8O_6$，相对分子质量为 176。维生素 C 通常是片状，有时是针状的单斜晶体，无臭，味酸，易溶于水，具有很强的还原性。维生素 C 能参与机体复杂的代谢过程，能促进生长和增强人体对疾病的抵抗力，可用作营养增补剂、抗氧化剂，也可用作小麦粉改良剂。但过量补充维生素 C 对健康无益，反而有害，故需要合理使用。维生素 C 在实验室常用作分析试剂，如还原剂、掩蔽剂等。

真题实战

1. ［2022 贵州铜仁初三期中，16］人体缺乏维生素 C（简称 Vc）就会患坏血病。下表是盛放维生素 C 的瓶子的标签的一部分，根据表中信息回答问题。

维生素 C

化学式：$C_nH_8O_6$

相对分子质量：176

（1）维生素 C 中氢、氧两种元素的质量比为 _____。

（2）$C_nH_8O_6$ 中，$n=$ _____。

（3）44 克维生素 C 中含有的碳元素的质量为 _____。

答案：（1）1：12 （2）6 （3）18克

解析：维生素 C 中氢、氧两种元素的质量比为：$(1×8)$：$(16×6)=1：12$。维生素 C 的相对分子质量为：$12n+1×8+16×$

6=176，故 $n=6$。44 克维生素 C 中含有的碳元素的质量为：$44×(12×6÷176)=18$（克）。

2.［2023 湖南长沙高一期末，9］抗坏血酸（即维生素 C）参与机体复杂的代谢过程，能促进生长并增强人体对疾病的抵抗力，其结构简式为：

下列有关维生素 C 分子说法正确的是（　　　）。

A. 分子式为 $C_6H_7O_6$

B. 维生素 C 能发生加成、加聚、酯化、氧化、水解等反应

C. 1 mol 维生素 C 最多消耗 6 mol Na

D. 维生素 C 在足量的氧气中完全燃烧生成的 CO_2 与 H_2O 的物质的量之比为 6∶5

答案：B

解析：维生素 C 分子中含有 6 个碳原子、8 个氢原子、6 个氧原子，其分子式为 $C_6H_8O_6$，故 A 错误。维生素 C 分子中含有碳碳双键，可以发生加成反应、加聚反应、氧化反应；含有羟基可以发生酯化反应，也可以发生醇的催化氧化；含有酯基，可以发生水解反应，故 B 正确。维生素 C 分子中 4 个羟基与钠生成氢气，1 mol 维生素 C 最多消耗 4 mol Na，故 C 错误。维生素 C 分子中含有 6 个碳原子、8 个氢原子，根据原子守恒定律可知，维生素 C 完全燃烧生成的 CO_2 与 H_2O 的物质的量之比为 6∶4，故 D 错误。

（吴建军）

16 从可乐中的磷酸说起，聊聊食品添加剂

 观察与发现 ❶

小文刚进家门就闻到了可乐鸡翅的香味，走进厨房一看，灶台上果然有一盘新做好的可乐鸡翅。

可乐鸡翅

小文忍不住抓起一个就吃，边吃边说："可乐鸡翅就是比普通的红烧鸡翅好吃。"妈妈在一旁说："你来研究一下为什么把酱油换成

可乐就好吃了。"小文一手拿起可乐的瓶子，一手拿起酱油的瓶子，认真对比，发现可乐里面的成分真不少。

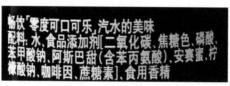
可乐的配料表

可乐中为什么要加入化学试剂磷酸呢？为什么可乐鸡翅好吃呢？是不是磷酸起的作用？

磷酸（H_3PO_4）是一种常见的化学试剂。我们在饮用可乐的时候会有什么感觉呢？清爽凉快、酸甜可口……这些感受都和可乐的配方有关。

二氧化碳带走热量让我们感觉清爽凉快，阿斯巴甜和蔗糖素让我们感受到甜味，磷酸则使我们感受到酸味，是多种成分共同作用才让我们在饮用可乐时感到满足。磷酸在这里起到了酸味剂的作用。如果没有磷酸，可乐只有甜味，就没有了那种酸酸甜甜的感觉，饮用时的口感就不同了。也可能很多人因此就不再购买可乐了。

正因为如此，可乐鸡翅的酸甜口感才满足了大部分人的需求，才很受欢迎，并且酸的加入让鸡翅的肉质更为松软可口。此外，可乐中的糖分还与蛋白质中的氨基酸发生美拉德反应，产生了香味和诱人的颜色。

 小 文

磷酸作为一种化学试剂，为什么可以加入饮料中？食品中能使用其他的酸味剂吗？

 化博士

磷酸是可乐中重要的酸味剂。根据我国《食品安全国家标准食品添加剂使用标准（GB 2760—2014）》的规定，磷酸在饮料中的最大使用量为 5 g/kg。可乐中的磷酸属于中强酸，如果超标摄入会对人体造成一定的伤害，尤其磷酸可以和身体中的钙质反应，生成不溶于水的磷酸钙 [$Ca_3(PO_4)_2$]，容易导致骨质疏松症的发生，因此饮用可乐要适度。

磷酸和钙离子存在如下反应：

$$2PO_4^{3-} + 3Ca^{2+} = Ca_3(PO_4)_2\downarrow（白色沉淀）$$

 小 文

原来磷酸是一种食品添加剂。什么是食品添加剂？我原来认为食品中添加的都是防腐剂。

 化博士

什么是食品添加剂呢？世界各国对食品添加剂的定义不尽相同。

国际食品法典委员会将食品添加剂定义为：食品添加剂是有意识地一般以少量添加于食品，以改善食品的外观、风味、组织结构或贮存性质的非营养物质。

《中华人民共和国食品安全法》第150条将食品添加剂定义为：食品添加剂，指为改善食品品质和色、香、味以及为防腐、保鲜和加工工艺的需要而加入食品中的人工合成或者天然物质，包括营养强化剂。

现在超市里卖的奶粉好多都添加了强化营养的物质，这些添加的营养物质是不是也属于食品添加剂？

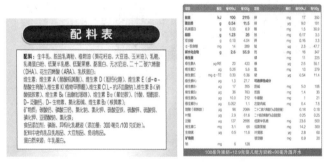

某品牌奶粉的配料表及营养成分表

按照我们现在的分类，添加在奶粉中的大多数营养物质是食品添加剂中的营养强化剂。营养强化剂是指为增强营养成分而加入食品中的天然物质或者人工合成物质，例如往奶粉中加入钙、铁、锌，

维生素类的 V_A、V_B 族 (V_{B1}、V_{B2}、V_{B3}、V_{B5}、V_{B6}、V_{B9}、V_{B12})、V_C、V_D、V_E 等。这些营养物质牛奶中都有，只是其含量不符合人的需求，例如老人和婴幼儿对某些营养素的需求高于平均水平。还有一种原因是食品在加工过程中会存在营养成分的损失，因此通过添加食品强化剂进行了补充和强化。

 观察与发现 ❷

小文要参加学校的排球比赛，没有时间吃饭了，就在食堂小卖部买了一个面包。吃完面包，比赛还没有开始，小文拿起面包的包装袋看看上面有哪些食品添加剂。

配料：全麦粉（添加量不少于50%），水，白砂糖，鸡蛋，酵母，黄油（添加量不少于2%），全脂乳粉（添加量不少于1%），食用盐，面包预拌粉（谷朊粉、单，双乙油脂肪酸酯、双乙酰酒石酸单双甘油酯），丙酸钙，面包预拌粉（食用淀粉、碳酸钙、单，双甘油脂肪酸酯，维生素 C、α-淀粉酶），单，双甘油脂肪酸酯

某面包包装上的配料表

对于配料表中的大部分物质，小文实在分不清它们是干什么的，凭直觉应该是食品添加剂。小文就认得两种物质：丙酸钙 $[2(C_3H_6O_2) \cdot Ca]$ 和碳酸钙。这两个应该是强化钙质的。

 小 文

丙酸钙和碳酸钙是不是也属于营养强化剂？

碳酸钙是营养强化剂，丙酸钙还真的不是。

丙酸钙实际上是一种防腐剂，属于食品添加剂。丙酸钙能够使添加了它的甜、咸面包的保质时间比不添加它的甜、咸面包长20个小时。另外，它对冷藏在真空包装的鲜牛肉中的细菌有较强的抑制作用。此外，它还可用作酱油的防腐剂，因为它能抑制醋酸杆菌和产膜酵母之类的微生物所引起的腐败变质。对于月饼，它也具有明显的防霉保鲜作用。

防腐剂属于食品添加剂，那食品添加剂一共有多少种？

食品添加剂有多少种，还真的不好回答，因为其品种是在不断变化的，只能说现在的食品添加剂有多少类。常用的食品添加剂主要有以下几类：

防腐剂——常用的有苯甲酸钠（$C_7H_5NaO_2$）、山梨酸钾（$C_6H_7KO_2$）、二氧化硫、乳酸（$C_3H_6O_3$）等。例如在红酒的配料表中就总能看到二氧化硫。

抗氧化剂——与防腐剂类似，可以延长食品的保质期。常用的有维生素C等。

着色剂——常用的合成色素有胭脂红、苋菜红、柠檬黄、靛蓝

187

等。它可以改变食品的外观，使人增强食欲。

增稠剂和稳定剂——可以改善或稳定食品的物理性状，使食品外观润滑细腻。

膨松剂——在部分糖果和巧克力中添加膨松剂，可促使糖体产生二氧化碳，从而起到膨松的作用。常用的膨松剂有碳酸氢钠、碳酸氢铵（NH_4HCO_3）等。

甜味剂——常用的人工合成甜味剂是糖精，后来使用广泛的有阿斯巴甜，不过现在对阿斯巴甜有了新的争议。

酸味剂——部分饮料、糖果等常利用酸味剂来调节和改善香味效果。常用的有柠檬酸、苹果酸、磷酸等。

营养强化剂按照定义可以归为食品添加剂，但是还有一些人习惯于将营养强化剂单独列出来。

刚刚看到丙酸钙时我认为它是营养强化剂，觉得它很友好，但是知道它是防腐剂后就开始讨厌它。

很多人对食品添加剂都是抵触的，尤其是对防腐剂。但是食品添加剂又是我们离不开的。举个例子，我们做菜一定会放一点盐，也就是氯化钠。我们会发现买来的盐从来不结块。我们做化学实验也会用到氯化钠，而作为试剂的氯化钠就经常会出现结块的现象。这就是因为食盐中加入了抗结剂。如果没有在食盐中加入抗结剂，我们买回来的食盐在使用时就需要把结块敲碎，捻成粉末，非常不方便。食品添加剂还是为改善我们的生活、提高生活品质做了很多贡献的。

如果没有防腐剂，我们就很难吃到其他地方的食物。古诗里提到的"一骑红尘妃子笑，无人知是荔枝来"，其实就反映了过去没有防腐技术，吃到其他地方的美食有多难。现在每逢初夏，我们就能吃到杨梅、荔枝，这都是防腐技术进步所赐予的。

不过不同的人对化学试剂的反应不同，例如有的人就对食盐中的抗结剂亚铁氰化钾 $[K_4Fe(CN)_6 \cdot 3H_2O]$ 很敏感，这时就要选择没有抗结剂或者使用添加了其他抗结剂的食盐。

知识链接

亚铁氰化钾是浅黄色单斜晶颗粒或结晶性粉末，无臭，在空气中稳定，因其氰根与亚铁离子结合牢固，故毒性低。可溶于水，不溶于乙醇、乙醚。

亚铁氰化钾

作为食盐的抗结剂，最大使用量为 0.01 g/kg（以亚铁氰根计）。其毒性：

（1）半数致死量（LD50）：大鼠口服 1.6 g/kg～3.2 g/kg。

（2）每日允许摄入量（ADI）为 0～0.025 mg/kg（按亚铁氰化钠计，FAO/WHO，2001）。

亚铁氰化钾既然有毒，为什么还可以作为食品添加剂？

食品添加剂的安全性是非常重要的。理想的食品添加剂最好是有益无害的物质，像前面提到的丙酸钙。化学合成的食品添加剂达到一定浓度后有一定的毒性，所以使用时要严格控制使用量。毒性除与物质本身的化学结构和理化性质有关外，还与其有效浓度、作用时间、接触途径和部位、物质的相互作用与机体的机能状态等条件有关。因此，不论毒性强弱，食品添加剂在使用时均有一个剂量问题，一般情况是只有达到一定浓度或剂量水平，食品添加剂才显现毒害作用，因而没有必要提到食品添加剂就"谈虎色变"。

在可乐中加入磷酸是为了改善口味，可乐鸡翅好吃是因为可乐中的磷酸、糖分在烹饪过程中发生了复杂的化学反应。食品添加剂是为了改善食品品质和色、香、味以及为满足防腐和加工工艺的需要而加入食品中的化学合成物质或天然物质，是现代食品工业不可或缺的物质。食品添加剂只要符合安全标准就应该是安全的，但是个体差异是存在的，不应忽视。

知识链接

在现代食品工业中食品添加剂的使用满足了人们对食品多样化的需求，保证了市场供应。目前，我国使用的食品添加剂有上千个品种，按照来源可以分为天然和人工合成两大类，按照主要功能可以分为二十多类，其中常见的几种有：着色剂、增味剂、膨松剂、凝固剂、防腐剂、抗氧化剂、营养强化剂。部分防腐剂和抗氧化剂的使用限定情况详见下表。

部分防腐剂和抗氧化剂的使用限定

品种	主要成分	适用范围	最大限量（g/kg）
防腐剂	苯甲酸及其钠盐	果汁类饮料	1.0
		酱油、醋	1.0
	山梨酸及其钾盐	面包	1.0
		熟肉制品	0.075
抗氧化剂	抗坏血酸（Vc）	去皮或者预切水果	5.0
	丁基羟基茴香醚	脂肪、油、乳化脂肪制品	0.2

随着食品工业的发展，食品添加剂已经成为人类生活中不可缺少的物质，其安全问题越来越受到关注。对于什么物质可以作为食品添加剂，以及食品添加剂的使用量和残留量，相关管理部门都有严格的规定，在规定范围内合理使用不会对人体产生不良影响。但是违反规定，将一些不能作为食品添加剂的物质当作食品添加剂或者超量使用，都会对人体健康造成损害。

真题实战

1.[2017北京丰台一模，2]食盐在生活中应用广泛，下列不属于食盐用途的是（　　）。

A.着色　　　　B.防腐　　　　C.调味　　　　D.杀菌

答案：A

解析：食盐可用于食品调味和腌制鱼、肉、蔬菜，以及盐析肥皂和鞣制皮革等；高度精制的氯化钠可用来制生理盐水，可用于临床治疗和生理实验，如在失钠、失水、失血等情况下。可通过浓缩结晶海水或天然的盐湖或盐井水来制取氯化钠。氯化钠可用来杀菌消毒，其实氯化钠本身不能杀菌消毒，但是浓度高的氯化钠溶液是可以杀菌消毒的，这里利用的是生物中的渗透知识：当细胞外部溶液的浓度比细胞液的浓度高时，细胞液会通过细胞膜向外流，使细胞脱水死亡，起到消毒作用。运用这个原理，人们在使用食盐腌制食品，比如制作腊肉时，食盐就起到了防腐的作用。食盐本身没有颜色，因此不具有着色作用。

2.[2020广东普宁高一期末，2]下列有关物质应用的说法正确的是（　　）。

A.将生石灰用作食品抗氧化剂

B.盐类都可用作调味品

C.铝罐可久盛食醋

D.小苏打是面包发酵的主要成分之一

答案：D

解析：生石灰即氧化钙可以与水反应生成熟石灰，即氢氧化钙：

$$CaO + H_2O \rightleftharpoons Ca(OH)_2$$

这个过程可以吸收食品中的水分，因此生石灰是脱水剂不是抗氧化剂；盐类品种繁多，只有少数盐类可以用于调味，大多数盐类不能作为调味品，有的甚至有毒，例如氯化钡不能添加到食品中；铝可以和酸反应，铝罐长期存放食醋就会与食醋发生反应，因此不能长期存放食醋；小苏打受热分解，产生的二氧化碳气体能使面包蓬松：

$$2NaHCO_3 \xrightarrow{\triangle} Na_2CO_3 + H_2O + CO_2\uparrow$$

（曹葵）

17　厨房中的淀粉

❓ 淀粉是什么？

❓ 淀粉都有哪些种类？应用在哪些方面？

❓ 如何进行淀粉提取？

❓ 如何进行淀粉检验？

❓ 如何对淀粉进行改性，让其应用更广泛？

 观察与发现❶

　　今天妈妈带小文一起做西湖牛肉羹，在快做好的时候，妈妈让小文帮忙拿红薯淀粉。妈妈快速将淀粉和水混合后倒入汤中，奇迹出现了，之前寡淡的汤一下子变得有点黏稠。小文赞叹道："妈妈，你可真够棒的！和饭店做的一样！"妈妈笑道："这就叫给汤勾芡，还不是淀粉的功劳嘛！"

 **小　文**

　　淀粉是什么？为什么它能用来勾芡呢？

淀粉是植物体中贮存的养分，是人类主要的能量来源。种子、块茎和块根等里的淀粉含量丰富。按来源，淀粉可分为：①禾谷类淀粉，主要包含在玉米、大米、麦子、黑麦等里；②薯类淀粉，在我国主要包含在甘薯、马铃薯和木薯里；③豆类淀粉，主要包含在蚕豆、绿豆和赤豆等里；④其他淀粉，一些植物的果实（如香蕉、芭蕉、白果等）中含有淀粉。水果中居然有淀粉，可能绝大多数人都没想到，可这是真的。甚至有些蔬菜中也含有淀粉，就是含量有点少，或者说比起种子中的淀粉实在太少。

淀粉是以葡萄糖为单位构成的多糖，分子式为 $(C_6H_{10}O_5)_n$。天然的淀粉为颗粒状，内层为直链淀粉。直链淀粉能够溶解于热水，约占淀粉的 10%～20%。所谓的直链淀粉并不是一根直的长链，而是盘旋成一个螺旋，每转一圈含有 6 个葡萄糖单位，这样每一个分子中的一个基团就和另一个基团保持一定的距离和关系。因此，一个生物的高分子结构不仅取决于分子中各个原子共价键的关系，还要看它的立体结构，这种结构叫作二级结构。一条以一定方式盘旋的长链还可以再弯曲折成一个所谓的不规则形状，这就叫作三级结构（见下图）。

二级结构　　　　　　　　三级结构

生物高分子的结构示意图

我们自己可以很方便地模拟一下淀粉的三级结构：取一根耳机导线，拉直，这就是一级结构；然后两手反方向旋转，就会发现导线开始打弯呈螺旋状，于是就变成了二级结构；继续转下去，耳机导线乱成一团，变成球型，这就是三级结构了。

天然淀粉的外层为支链淀粉。支链淀粉不溶于热水，只能在热水中膨胀，约占淀粉的80%～90%。淀粉粒的形状（有卵形、球形、不规则形）和大小（直径 1 μm～175 μm）因植物来源而异。支链淀粉与直链淀粉示意图如下：

支链淀粉　　　　　直链淀粉

支链淀粉与直链淀粉示意图

上述结构图把每一个葡萄糖分子用一个点来表示，你可能觉得不够清楚，那就来个微观一点的看看吧！

直链淀粉

支链淀粉

直链淀粉与支链淀粉微观示意图

天然淀粉于适当温度下（高于 53 ℃），能在水中发生溶胀、分裂，形成均匀的糊状溶液，物理性能发生明显变化。这种作用被称为糊化作用，这也是淀粉在烹饪中能够起到勾芡作用的原因。

小 文

哇，淀粉的存在好广泛呀！但淀粉是怎么从粮食等各种物质里提取出来的呢？

化博士

我们在家就可以做些简单的实验进行淀粉的提取。如果使用小米、大米等种子类的材料，可以将其放在水中浸泡 1 天，使种子软化，而后取出泡好的小米、大米，要保留一些水分，用研钵研碎。如果使用土豆、白薯等材料，只需将其去皮擦（或切）成细丝，用水浸泡后研碎。将研碎的上述食材用纱布过滤，一般需要用 3～4 层纱布。将滤液收集到烧杯中，而后用清水洗涤纱布并用力拧干，直到没有浑浊液体为止。也可以将滤液静置，取其上层清液在显微镜下观察。

小 文

怎么检验提取出来的物质是淀粉呢？

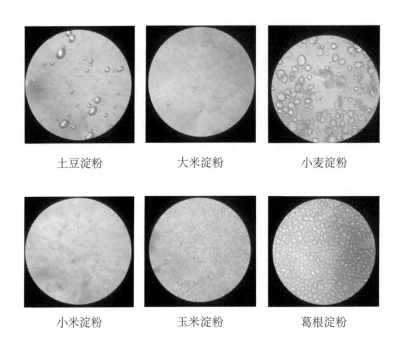

| 土豆淀粉 | 大米淀粉 | 小麦淀粉 |
| 小米淀粉 | 玉米淀粉 | 葛根淀粉 |

不同淀粉的颗粒形状

 化博士

　　这里就要用到一个经典的检验实验了。碘分子能与具有螺旋结构的淀粉形成一种复杂化合物，好像碘钻到淀粉里边，使淀粉呈现出蓝（紫红）色。

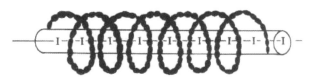

碘分子与淀粉反应变色机理示意图

　　直链淀粉和支链淀粉都可以和碘作用，只是支链淀粉与碘作用显紫红色，直链淀粉与碘作用显蓝色。不过我们通常只是说显蓝色。

这里需要注意，淀粉遇碘显蓝色还有一个通常被忽略的条件，就是淀粉要过量。如果碘过量，碘的颜色就会干扰蓝色的呈现，溶液颜色可就不是蓝色了。同时当淀粉加热到一定温度时，淀粉的螺旋结构被破坏，不能与碘分子结合形成复杂化合物，那么溶液也不会变蓝色。所以检验条件也是检验成败的关键呦！

观察与发现 ②

小文了解了淀粉的性能后，特意留意了一下一些食品的配料表，发现酸奶、方便面、火腿肠等常用食品的配料表里都有淀粉，但它们又和普通淀粉不一样，比如改性玉米淀粉、乙酰化二淀粉磷酸酯。这又是怎么回事呢？这些是淀粉吗？

 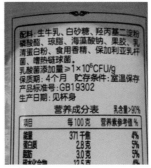

配料表中的淀粉

小 文

什么是改性淀粉？改性淀粉有哪些应用呢？

天然淀粉糊液存在不稳定、易回生、内聚力强等特性，使其在食品加工应用中受到很多限制，因此科研人员通过对天然淀粉的分子链长短、糊液的耐剪切性、耐高温性、保水性等性能的改变，使淀粉在各个领域得到广泛应用。

1. 食品工业

在食品工业中，改性淀粉常作为增稠剂、稳定剂、胶凝剂、黏结剂使用。

方便面：原淀粉产品缺乏稳定性，且油炸及高脂肪含量影响食品的质量及我们的健康。研究发现，乙酰化马铃薯淀粉既能提高方便面的硬度又不会显著地影响凝聚力值，并且它可以部分替代用于生产方便面的低蛋白小麦面粉，以减少人体对脂肪的摄取。

香肠：将酶改性羧甲基淀粉应用于香肠中，能够增强香肠的保水能力和乳化稳定性，是香肠理想的脂肪替代品。

面包：改性淀粉能降低面包的恶化率，改善口感，使之保持柔软蓬松。

2. 医药

眼药水：治疗眼部疾病时，角膜上皮由于低透气性而对药物的吸收较少，且剩余的药液可能会引起副作用。甲基丙烯酸 -2- 异氰酸酯改性淀粉，可以减少药物损失，使患者找到了一种可以长久持续使用的新药物。

姜黄素：姜黄素的水溶解度和生物利用性非常低，且在体内会被快速地降解和排泄。疏水改性淀粉可以形成胶团并能将姜黄素装入胶囊中，可以提高姜黄素的溶解度和体外抗肿瘤的活性。

3.造纸工业

造纸工业中常用的改性淀粉有氧化淀粉、阳离子淀粉、阴离子淀粉、磷酸酯淀粉和双醛淀粉等。淀粉经过改性后，能赋予纸张优异的性能。

4.铸造业

常直接采用淀粉或淀粉制成的糊精等做芯砂的辅料或涂料黏结剂。

5.包装材料

淀粉基塑料能够较好地应用于包装材料。将原玉米淀粉和乙酰化玉米淀粉混合制成的薄膜既能降低价格，又能显著提高薄膜的热封性能，进而提高薄膜在包装上的应用性能。

哇，原来改性淀粉不但在食品中有应用，而且在这么多行业中都可以发挥作用，真是神奇！那如何进行淀粉的改性呢？

淀粉改性的方法主要有物理改性、化学改性、生物改性和复合改性。

物理改性：

主要方法有热液处理、微波处理、电离放射线处理、超声波处理、球磨处理、挤压处理等。

化学改性：

淀粉分子中具有数目较多的醇羟基——能与众多的化学试剂反应生成各种类型的改性淀粉。通常，淀粉的化学改性方法有酸水解、氧化、醚化、酯化和交联等。化学法是淀粉改性应用最广的方法。

生物改性：

生物改性指用各种酶处理淀粉，如环状糊精、麦芽糊精、直链淀粉等都是采用酶法处理得到的改性淀粉。酶法改性条件温和，环保无污染，得到的改性淀粉健康卫生，作为食品易于被人体消化吸收，且具有特殊的生理功能。

复合改性：

淀粉的复合改性是指使用两种或两种以上或重复使用一种改性方法对淀粉进行改性处理。将两种方法制备的同种来源的或不同来源的淀粉共混制备改性淀粉的方法也属于淀粉的复合改性方法。

 我知道了

通过上面的学习了解到生活中常见的淀粉来源、淀粉的结构和提取检验方法，同时还了解到淀粉不仅可以应用到食品中，通过对其结构的改变，进而改变其性能，还能让其在各行各业都得到广泛的应用。真是科技改变生活！

知识链接

依据能否水解及水解后的产物，糖类可分为单糖、寡糖和多糖。淀粉属于多糖的一种。淀粉是白色、无气味、无甜味的粉末状物质，

不溶于冷水。

通常淀粉遇碘变成蓝色。它在酸或酶的作用下水解，生成一系列产物，最后生成还原性单糖——葡萄糖。

 真题实战

某学生探究如下实验 A：

实验A	条件	现象
向淀粉溶液中滴加数滴碘水和稀H_2SO_4溶液	加热	i. 加热后蓝色褪去 ii. 冷却过程中，溶液恢复蓝色 iii. 一段时间后，蓝色又褪去

（1）使淀粉变蓝的物质是_____。

（2）分析现象 i、ii 后认为：在酸性条件下，加热促进淀粉水解，冷却后平衡逆向移动。设计实验如下：

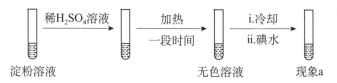

"现象 a"证实该分析不合理，则"现象 a"是_____。

（3）再次分析：加热后单质碘发生了变化，实验如下：

Ⅰ：取少量碘水，加热至褪色，用淀粉溶液检验挥发出的物质，溶液变蓝。

Ⅱ：向褪色后的溶液中滴加淀粉溶液，冷却过程中溶液一直未变蓝；加入稀 H_2SO_4，溶液瞬间变蓝。

对于步骤Ⅱ中稀H_2SO_4的作用，结合离子方程式，提出一种合

理的解释_____。

（4）探究碘水褪色后溶液的成分：

实验1：测得溶液的pH≈5。

实验2：取褪色后的溶液，完成如下实验：

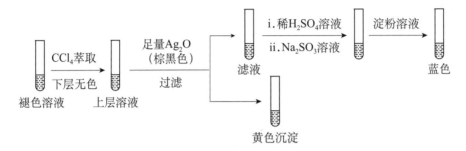

① 产生黄色沉淀的离子方程式是_____。

② Ag_2O 的作用是_____。

③ 依据上述实验，推测滤液中含有的物质（或离子）可能是

_____。

（5）结合化学反应速率，解释实验A中现象ⅰ、现象ⅲ蓝色褪去的原因_____。

答案：

（1）碘水

（2）溶液不变蓝

（3）解释1：$6H^+ + 5I^- + IO_3^- \!=\!=\!= 3I_2 + 3H_2O$

解释2：$4H^+ + 4I^- + O_2 \!=\!=\!= 2I_2 + 2H_2O$

（4）① $2H^+ + 2I^- + Ag_2O \!=\!=\!= 2AgI\downarrow + H_2O$

② 证明上层溶液中存在 I^-；沉淀 I^-，排除向滤液中加入稀 H_2SO_4 后，因 I^- 被氧化生成 I_2 的可能

③ HIO₃（或 IO₃⁻）、H⁺

（5）现象 i ：部分 I_2 挥发，部分 I_2 与 H_2O 发生反应

现象 iii ：淀粉完全水解。加热时，I_2 与 H_2O 的反应速率大于淀粉水解的速率

解析：

（1）根据淀粉遇碘水变蓝的性质，得出使淀粉溶液变蓝的物质是碘水。

（2）按照题目分析，冷却后平衡逆向移动，溶液应该恢复蓝色。但题目中说，现象 a 证明该分析并不合理。所以现象 a 应该是溶液为无色，并没有变蓝。

（3）根据题目给出的现象，可以得出溶液中可能含有 I^-、IO_3^- 两种离子，稀硫酸的作用就是与两种离子发生如下化学反应，生成的碘单质使淀粉溶液变蓝。

$$6H^+ + 5I^- + IO_3^- = 3I_2 + 3H_2O$$

$$4H^+ + 4I^- + O_2 = 2I_2 + 2H_2O$$

（4）产生的黄色沉淀为 AgI，离子方程式为 $2H^+ + 2I^- + Ag_2O =$ $2AgI\downarrow + H_2O$，Ag_2O 的作用是和溶液中的碘离子充分反应，排除后面向滤液中加入稀 H_2SO_4 后，I^- 被氧化生成 I_2 的可能。通过上述反应，滤液中可能含有的物质或离子有 HIO₃（或 IO₃⁻）、H⁺。

（5）对于现象 i ，因为加热之后，一部分 I_2 挥发，部分 I_2 与 H_2O 发生反应，蓝色褪去；对于现象 iii ，当淀粉完全水解时，蓝色重新褪去，加热时，I_2 与 H_2O 的反应速率大于淀粉水解的速率。

（林静）

18 厨房中的油

> 油和脂是一样的吗?
>
> 为什么说油脂摄入过多不健康?
>
> 为什么说反式脂肪酸不好?
>
> 有办法测定油脂的含量吗?
>
> 久置的油脂为什么会变质?

观察与发现 ❶

周六的早晨,小文被炸油条的香气惊醒,好久没有吃到炸油条了。小文赶紧洗漱完毕来到餐桌边,问道:"不是说油炸食物不健康吗,今天怎么吃炸油条?早餐不是都是包子吗?"

妈妈说:"油炸食物就是不健康,油吃多了不好,容易得脂肪肝、高血压、高血脂、肥胖,少油少盐才健康。"

爸爸也附和:"对,对,下周还是包子、小米粥,健康第一。"

 小 文

为什么说油吃多了不健康?

炸油条

首先要搞清楚这里说的油指的是什么。油脂是油和脂肪的总称，习惯上把在常温下为液体的叫作油，为固体的叫作脂肪。但是从化学结构来看，它们都是高级脂肪酸甘油酯。来源于植物的油脂往往常温下是液体，而来源于动物的油脂则通常是固体。

组成油脂的脂肪酸，已知的约有50多种。常见的油脂中的脂肪酸如下表。

常见的油脂中的脂肪酸

类别	名称	构造式
饱和脂肪酸	月桂酸（十二烷酸）	$CH_3(CH_2)_{10}COOH$
	肉豆蔻（十四烷酸）	$CH_3(CH_2)_{12}COOH$
	棕榈酸（十六烷酸、软脂酸）	$CH_3(CH_2)_{14}COOH$
	硬脂酸（十八烷酸）	$CH_3(CH_2)_{16}COOH$
不饱和脂肪酸	棕榈油酸（9-十六碳烯酸）	$CH_3(CH_2)_5CH{=}CH(CH_2)_7COOH$
	油酸（9-十八碳烯酸）	$CH_3(CH_2)_7CH{=}CH(CH_2)_7COOH$
	蓖麻油酸（12-羟基-9-十八碳烯酸）	$CH_3(CH_2)_5CHOHCH_2CH{=}CH(CH_2)_7COOH$

续表

类别	名称	构造式
不饱和脂肪酸	亚油酸（9,12-十八碳二烯酸）	$CH_3(CH_2)_3(CH_2CH{=}CH)_2(CH_2)_7COOH$
	γ-亚麻油酸（6,9,12-十八碳三烯酸）	$CH_3(CH_2)_3(CH_2CH{=}CH)_3(CH_2)_4COOH$
	花生四烯酸（5,8,11,14-二十碳四烯酸）	$CH_3(CH_2)_3(CH_2CH{=}CH)_4(CH_2)_3COOH$

油脂是动植物的储能物质。1 g 油脂在人体中释放 38 kJ 能量，而 1 g 糖只能释放 17 kJ 能量，体积却是油脂的 4 倍。也就是说，食用相同体积的糖和油脂，油脂的热量大约是糖的 9 倍，因此油脂很容易导致人体吸收过多能量，产生肥胖等一系列问题，不利于人体健康。

油脂有这么大的缺点，为什么人类还需要油脂？

过多地食用油脂才有害，适量的油脂是人体所必需的。

我们先说说油脂的大致分类。构成油脂的脂肪酸根据碳氢链饱和程度的不同可分为饱和脂肪酸（SFA）和不饱和脂肪酸（UFA），其中不饱和脂肪酸又分为单不饱和脂肪酸（MUFA）和多不饱和脂肪酸（PUFA），顺式脂肪酸（CIS）和反式脂肪酸（TFA）。构成脑组织的油脂主要是 PUFA，它也是对大脑功能作用最大、最需要通过膳食补充的油脂。

大脑神经细胞是脑组织的主要功能细胞，其正常的生长分化及功能健全是维持大脑功能的基础。PUFA 主要通过直接作用于大脑神经细胞而发挥作用。PUFA 中与大脑功能最为密切的是 ω-3 系列的α- 亚麻酸（ALA）和 ω-6 系列的亚油酸（LA）。由于它们是维持机体正常生长所必需的，而人体内又不能合成，只能从食物中摄取，故也称为必需脂肪酸。ALA 和 LA 在体内经特定功能酶的作用可转变为更不饱和的脂肪酸，如二十碳五烯酸（EPA）和二十二碳六烯酸（DHA）。EPA 和 DHA 由于对大脑具有重要的作用，俗称"脑黄金"。因此一点油脂都不吃对身体也是有害的。

油脂吃多了不好，不吃也不好，那么吃多少才合适呢?

凡事都有一个度，绝对不吃油脂不对，吃多了同样不好。

世界卫生组织与联合国粮农组织建议，正常情况下，油脂提供的热量最少应占总热量的 15%，最多不能超过 35%，特别强调的是，对人体最有益的 ω-3 每天的摄入量不应低于 1 g，且应注意 ω-3 和 ω-6 的平衡，二者的最佳摄入比例是 1 : 3，而现在人们往往过多摄入 ω-6。

观察与发现 ❷

小文到面包店买面包，特意看了食品标签，有的品牌的面包标

签上标注了反式脂肪酸含量为0，同时这些面包又都标注了含有油脂。小文有点儿疑惑，面包作为烘焙食品，是面粉制品，为什么需要油脂呢？怎么会有反式脂肪酸绝对为0的事情呢？

超市中的面包

一些食品包装上为什么特别标识出不含反式脂肪酸呢？按理说绝对不含是不可能的。

营 养 成 分 表		
项目	每100克	营养素参考值%
能量	1638千焦	20%
蛋白质	6.9克	12%
脂肪	15.1克	25%
-反式脂肪酸	0.0克	
碳水化合物	56.6克	19%
钠	215毫克	11%

面包的营养成分表

是的，绝对不含反式脂肪酸是不可能的。那么为什么大家对反式脂肪酸唯恐避之不及呢？首先要搞清楚什么是反式脂肪酸。

脂肪酸由碳氢组成的烃类基团连接羧基所构成。脂肪，就是由甘油和脂肪酸组成的甘油三酯。

$$
\begin{array}{l}
CH_2 \!-\! O \!-\! \overset{\displaystyle \underset{O}{\|}}{C} \!-\! R_1 \\[2ex]
CH \!-\! O \!-\! \overset{\displaystyle \underset{O}{\|}}{C} \!-\! R_2 \\[2ex]
CH_2 \!-\! O \!-\! \overset{\displaystyle \underset{O}{\|}}{C} \!-\! R_3
\end{array}
$$

脂肪酸的结构

这些脂肪酸分子可以是饱和的，即所有碳原子以单键相互连接，饱和的分子在室温下是固态的。当链中碳原子以双键连接并形成一个双键时，这条链存在两种形式：顺式和反式。顺式（cis）键看起来像U形，反式（trans）键看起来像线形。顺式键形成的不饱和脂肪酸在室温下是液态的，如植物油；反式键形成的不饱和脂肪酸在室温下是固态的。

反式脂肪酸有天然的和人工制造的两种情况。人乳和牛乳中都天然存在反式脂肪酸。据报道，牛乳中的反式脂肪酸约占脂肪酸总量的4%～9%，其在人乳中约占2%～6%。人工制造的反式脂肪酸是对植物油进行氢化改性过程中产生的一种不饱和脂肪酸（改性后的油称为氢化油脂）。这种加工可防止油脂变质，改善风味。

有的研究发现反式脂肪酸与心脑血管疾病存在关系。据此世界

卫生组织建议，每天摄取自反式脂肪的热量不得超过食物总热量的
1%（大致相当于2 g），中国采用了这个标准。

很多食品为了产品的稳定性而添加氢化油脂，也就是反式脂肪
酸。天然食品中也含有一定的反式脂肪酸，绝对不含是不可能的。
我国《食品营养标签管理规范》规定，食品中反式脂肪酸的含量小
于等于0.3 g/100 g时，可标示为0。也就是说，标注为反式脂肪酸
为0可以确保食用安全，但并不是绝对不含反式脂肪酸。

面包等糕点中为何需要加入油脂？

在面点制作过程中，食用油脂发挥的最大作用就是润滑。

在面点成形阶段需要适当加入食用油脂，主要是起到降低面团
黏性的作用。只要加上少许食用油脂，便可以让操作难度大幅下降。
例如，在制作麻花、面条时，可以提前在面点案板与手上涂抹食用
油脂，能有效避免面条、面团在操作过程中相互粘连。

大多数呈香物质均属于脂溶性物质，也就是只能溶解在油脂中。
通过适当提高食用油脂的用量，食物会变得更加芳香可口。对于面
点而言，食用油脂本身无法发挥调味的作用，食用油脂在人的口腔
中所呈现的香味并不是真正意义上的"味道"，油脂的作用在于唤醒
人的嗅觉。

观察与发现 ❸

　　小文和爸爸妈妈去餐厅吃饭，点了一道小龙虾，服务员给每人发了一双手套。但是，一会儿油脂就渗了进来，小文手上满是油脂。

手剥小龙虾

　　手套就是为了挡住油脂，为什么油脂还会透过手套？

　　我们在吃小龙虾、炸鸡等食物时往往会戴上一次性塑料手套，可吃完后依然满手油脂。这是为什么？人们在食品领域使用的一次性手套多为聚乙烯手套，这种手套主要是由低密度聚乙烯（LDPE）和线性低密度聚乙烯（LLDPE）生产而成。它能有效防止手中细菌进入人体内，但不能完全阻隔油脂。根据相似相溶原理，在接触油脂时，低密度聚乙烯和线性低密度聚乙烯会发生一定程度的溶胀，

使油脂分子从我们肉眼不可见的空隙中"穿"过一次性手套。所以，一次性手套难以完全阻隔油脂。

小　文

　　小龙虾中有这么多油，有办法测定一下小龙虾中有多少油吗？

化博士

　　测定油脂含量的方法比较简单。一般使用石油醚进行萃取，也就是利用油脂在石油醚中溶解性好的特点，待油脂从食物中溶解到石油醚中，将溶有油脂的石油醚进行蒸馏，石油醚蒸出去后剩下的就是油脂了。

　　利用这个原理我们在家就可以进行简单的测定，不过误差会比较大。例如，人们都说薯片含油多，吃了易发胖。我们取几片薯片，称一下质量，使用酒精浸泡薯片一段时间，把酒精倒出来放在一个容器中，然后找一个通风的地方让酒精挥发，剩下的就是油脂。我们再称一下质量就可以知道薯片中有多少油脂了。不过要注意酒精易燃，小心着火。

观察与发现 ❹

　　小文在学校做皂化反应的实验，做完实验总是感觉这个肥皂的味道有点怪怪的？做肥皂的油脂难道和正常的油脂不一样吗？还是

我的实验出了问题？

为什么我在实验室制得的肥皂有一种怪怪的味道？是油的问题还是工艺的问题？

在实验室里能用油脂制作肥皂是因为碱性溶液能使油脂水解，生成甘油和高级脂肪酸盐（肥皂），因此油脂在碱性溶液中的水解叫作皂化。

普通肥皂是各种高级脂肪酸钠盐的混合物。油脂用氢氧化钾皂化所得的高级脂肪酸钾盐质软，叫作软皂。

皂化过程使得油脂原来的香味没有了。销售的商品肥皂、香皂中会加入一点香精，因此我们会觉得有点香味。而我们实验室制造的肥皂没有加香精，所以感觉味道不对了。

油脂放的时间长了会出现"哈喇"味，这是什么原因？

油脂在空气中放置过久，就会变质产生难闻的气味，这种变化叫作酸败。酸败是由空气中的氧、水分或微生物的作用引起的。油

脂中不饱和酸的双键部分受到空气中氧的作用，氧化成过氧化物，后者继续分解或进一步氧化，产生有臭味的低级醛或羧酸。光、热或湿气都可以加速油脂的酸败。

油脂酸败的另一原因是微生物或酶的作用。油脂先水解为脂肪酸，脂肪酸在微生物或酶的作用下发生氧化。油脂酸败后的产物有毒性和刺激性，因此酸败的油脂不能食用。

 我知道了

油脂其实是一类物质，叫作高级脂肪酸甘油酯。油脂因为热量高，因此食用过多对身体不好。但是油脂中含有人体必需的营养物质，适量食用是必需的。按照油脂分子的结构脂肪酸可以分为顺式和反式，已经确认反式脂肪酸对身体不好，要尽量减少食用。油脂长期放置会产生酸败，酸败的油脂不能食用。

知识链接

油脂是一类特殊的酯。植物油脂通常呈液态，叫作油；动物油脂通常呈固态，叫作脂肪。

油脂可看作高级脂肪酸〔如硬脂酸（$C_{17}H_{35}COOH$）、软脂酸（$C_{15}H_{31}COOH$）和油酸（$C_{17}H_{33}COOH$）等〕与甘油经酯化反应生成的酯。油脂在适当的条件下能发生水解反应，生成相应的高级脂肪酸。工业上根据这一反应原理，以油脂为原料来制取高级脂肪酸和甘油。油脂在小肠内受酶的催化作用而水解，生成的高级脂肪酸和甘油作为人体的营养成分被肠壁吸收，同时提供人体活动所需要的

能量。

高级脂肪酸对人类的生命活动有着重要的作用，其中有些高级脂肪酸如亚油酸（$C_{17}H_{31}COOH$）是人体所必需的。亚油酸等高级脂肪酸在人体内参与前列腺素的合成，而前列腺素对于血压和体温的维持、胃酸的分泌和血小板的凝聚等生理活动具有很大影响。

油脂除可食用外，还可用于生产肥皂和油漆等。

 真题实战

1. 下列生活中常用的食物储存方法中，所加物质不与氧气反应的是（ 　 ）。

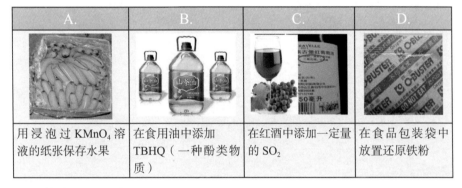

A.	B.	C.	D.
用浸泡过 KMnO₄ 溶液的纸张保存水果	在食用油中添加TBHQ（一种酚类物质）	在红酒中添加一定量的 SO₂	在食品包装袋中放置还原铁粉

答案：A

解析：高锰酸钾是氧化剂，不会和氧气反应；TBHQ、SO_2、铁粉均具有还原性，可以和氧气反应。因此本题选择 A。

2. 生活中处处有化学。下列说法正确的是（ 　 ）。

A. 制作饭勺、饭盒、高压锅等的不锈钢是合金

B. 做衣服的棉和麻均与淀粉互为同分异构体

C. 煎炸食物的花生油和牛油都是可皂化的饱和酯类

D. 磨豆浆的大豆富含蛋白质，豆浆煮沸后蛋白质变成了氨基酸

答案：A

解析：不锈钢在钢中加入了一定量的铬、镍、锰、钼等元素，提高了钢的耐腐蚀能力，因此不锈钢属于合金；棉麻和淀粉虽然都是由葡萄糖构成的，但是其分子构成存在很大差异，相对分子质量不同，不属于同分异构体；花生油主要是不饱和脂肪酸，不是饱和酯类；大豆中的蛋白质煮沸后依然是蛋白质，不会水解成为氨基酸。因此 B、C、D 均错误，只有 A 正确，故选择 A。

（曹葵）

19 如何蒸出光滑如镜、不老不嫩的鸡蛋羹?

❓ 食堂师傅是如何做出光滑如镜、不老不嫩的鸡蛋羹的?

❓ 为什么鸡蛋羹是重要的营养食物?

❓ 在家如何自制滑嫩可口的鸡蛋羹?

观察与发现 ❶

　　小文经常在食堂吃鸡蛋羹,看着光滑如镜、不老不嫩的鸡蛋羹被师傅端到了售卖窗口,他总是被这卖相和口感所征服。他经常琢磨为什么食堂师傅能做出这么好吃的鸡蛋羹。那在家如何自制类似品质的鸡蛋羹呢?

学校食堂的鸡蛋羹

又到了小文长知识的时间啦！化博士也该闪亮登场了。

　　化博士，您好！食堂师傅制作鸡蛋羹的工艺流程是什么？我也想在家蒸好看又好吃的鸡蛋羹给爸爸妈妈吃。

　　小文懂得孝敬父母，为你点赞！其实只要把蒸鸡蛋时的变量控制好，每个人都能蒸出品质一流的鸡蛋羹。制作丝滑的鸡蛋羹的步骤如下：

　　（1）打蛋。将2颗鸡蛋打在碗中，加入适量温水，用筷子搅拌至完全均匀。鸡蛋与水的比例为 1∶1.5～1∶2。

　　（2）撇沫。鸡蛋液搅拌均匀后，用勺子一点一点将浮沫撇掉。

　　（3）蒸蛋。起锅烧水，水沸后将盛有蛋液的碗放入笼屉，在碗上倒扣一个盘子。大火蒸10分钟左右，关火后再焖5分钟左右即可。

　　鸡蛋羹蒸熟后，只需要倒入少量生抽或味极鲜，也可以在上面撒上一些葱花或香菜碎提味儿，就是老少咸宜的美味啦！

 观察与发现 ❷

　　蛋白质由20种基本氨基酸构成，其中以下几种人体自身无法合成，必须从食物中摄取：蛋氨酸、亮氨酸、异亮氨酸、赖氨酸、苯丙氨酸、苏氨酸、色氨酸、缬氨酸。有些氨基酸成人自身可合成，

鸡蛋

但婴儿却无法合成，如组氨酸。蛋白质能构成人体组织；合成各种酶、激素和抗体；给人体提供能量等。蛋白质主要来源于奶、蛋、肉和豆类。是什么样的性质赋予了蛋白质如此丰富多样的生理功能？这个世界有着种类如此丰富的蛋白质，为什么只吃几种食物就能满足人体对蛋白质的需求呢？人体如何将其他动植物蛋白转化为自身所需的蛋白质呢？

人们都知道鸡蛋羹是美味的营养早餐，但鸡蛋里的蛋白质是如何被转化为人体所需的蛋白质的呢？

没错，小文！蛋白质是生命的物质基础，是有机大分子。氨基酸是蛋白质的基本组成单位，是由科学家通过研究蛋白质的水解产物而发现的。

$$\overset{\displaystyle NH_2}{\underset{\displaystyle |}{R - CH - COOH}}$$

氨基酸的结构

从结构上看，氨基酸是氨基取代了羧酸分子中烃基上的氢原子形成的取代羧酸。构成天然蛋白质的氨基酸均为 α-氨基酸（氨基和

羧基连在同一个碳原子上），R基团不同，氨基酸的种类就不同，其功能和用途也就会有所不同。

人体中的几种氨基酸

名称	结构简式	名称	结构简式	名称	结构简式
丙氨酸 Ala	CH_3 ... OH ... H NH_2	酪氨酸 Tyr	HO ... OH ... H NH_2	谷氨酸 Glu	HO ... OH ... H NH_2

小文，你通过观察氨基酸的结构，预测一下其化学性质，如何？

好嘞，化博士。氨基酸的结构中有羧基，则它会体现酸性，可以与醇发生酯化反应。氨基酸的结构中还含有氨基，则它又会体现碱性，可以与酸发生反应。

是的，小文，你的思路和方法都很棒！长知识，不仅长"知"（知道），还在长"识"（识别），咱们就要追求这种学习效果。

氨基酸分子中既有氨基又有羧基，是一种具有两性的化合物，通常以两性离子的形式存在。当调节某一种氨基酸溶液的pH值为一定值时，该种氨基酸刚好以两性离子的形式存在。此时其所带的正、负电荷数相等，整体呈电中性。在电场中，两性离子既不向负极迁移，也不向正极迁移，此时溶液的pH值为该氨基酸的等电点

（pI）。各种氨基酸由于其组成和结构的不同，而具有不同的等电点。

$$R-\underset{\underset{+NH_3}{|}}{CH}-COOH \underset{OH^-}{\overset{H^+}{\rightleftharpoons}} R-\underset{\underset{+NH_3}{|}}{CH}-COO^- \underset{H^+}{\overset{OH^-}{\rightleftharpoons}} R-\underset{\underset{NH_2}{|}}{CH}-COO^-$$

阳离子　　　　　　　两性离子　　　　　　阴离子

氨基酸解离示意图

小文，你再思考一下，已知甘氨酸发生如下反应后可形成六元环状结构：

六元环状结构

请分析断键位置和成键位置，并预测氨基酸之间还可能发生怎样的反应？

通过观察和推测，我认为是每个甘氨酸分子的羧基 C—O 单键和氨基 N—H 单键均断裂，这样脱去 2 个水分子，生成了上面的化合物。

化博士

小文，你真的很棒！一个 α- 氨基酸分子的羧基与另外一个 α-氨基酸分子的氨基脱去一分子水形成的酰胺键（—CO—NH—）称为肽键，所生成的化合物称为肽。两个氨基酸分子脱水缩合生成二

肽，三个氨基酸分子脱水缩合生成三肽……n 个氨基酸分子脱水缩合生成 n 肽。二肽及以上均可称为多肽。

组成生命体的蛋白质的主要单元有 20 种氨基酸，它们组成二肽的连接方式有 400 种。组成肽的氨基酸的数目越多，理论上的连接方式也随之增多：组成三肽的连接方式有 8 000 种，组成四肽的连接方式有 160 000 种……

可见，多肽类物质的种类非常多，它们在生命体中起着不同的作用。

蛋白质是由 α- 氨基酸分子按一定的顺序以肽键连接起来的生物大分子。蛋白质分子通常含有 50 个以上的肽键，其相对分子质量一般在 10 000 以上。蛋白质的功能有很多，包括：构造人的身体，是重要的结构物质（例如胶原蛋白），承担载体运输功能（例如血红蛋白输送氧），参与抗体的免疫、酶的催化、激素的调节，作为能源物质。

人体摄入的蛋白质，经由胃蛋白酶、胰蛋白酶（也可以是酸、碱）的催化作用，水解成多种 α- 氨基酸分子。这些 α- 氨基酸分子经过脱水缩合，就转化为人体所需的蛋白质了，这个过程对人体消化吸收蛋白质以及合成新的蛋白质意义重大。

蛋白质的一级结构是经由肽键（—CO—NH—）这样的共价键连接不同顺序的氨基酸排列组合而成；二级结构则是通过 α- 氨基酸分子的侧链之间离子键、S—S 双硫共价键、分子间作用力（色散力、偶极 - 偶极相互作用、氢键）等各种键综合作用形成较为稳定的 α- 螺旋、β- 折叠等结构；三级结构和四级结构则是经过了进一步的折叠，进而发挥出相对稳定的生物功能的。

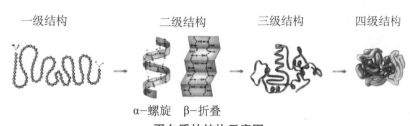

一级结构	二级结构	三级结构	四级结构

α-螺旋　β-折叠

蛋白质的结构示意图

人体摄入蛋白质之后，蛋白质在催化剂的作用下水解成 α-氨基酸分子，氨基酸分子之间再脱水缩合成人体所需的蛋白质。

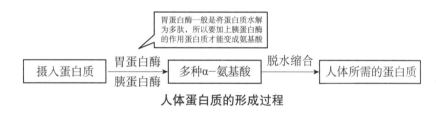

胃蛋白酶一般是将蛋白质水解为多肽，所以要加上胰蛋白酶的作用蛋白质才能变成氨基酸

摄入蛋白质 ——胃蛋白酶／胰蛋白酶→ 多种α-氨基酸 ——脱水缩合→ 人体所需的蛋白质

人体蛋白质的形成过程

观察与发现 ❸

以化学视角观察世界，用化学思维思考世界，使用化学用语表达世界。小文已经养成了追问的好习惯，遇到有趣的生活现象，他总爱关心驱动世界运行的原因，总是喜欢追问一下背后的化学本质。对比食堂师傅制作卖相和口感俱佳的鸡蛋羹，小文看着自己的作品，他想找到问题的症结所在。

小文制作的卖相和口感均不佳的鸡蛋羹

小 文

嗯，谢谢化博士专业而详尽的讲解。您能解释一下生鸡蛋变为鸡蛋羹的化学本质是什么吗？

化博士

哈哈，蒸鸡蛋羹，说白了，就是通过加热让蛋白质变性，从液态转为凝胶态。所谓蛋白质变性，就是在某些物理和化学因素的影响下，蛋白质的物理性质、化学性质和生理功能发生不可逆改变的现象。物理因素包括：加热、加压、搅拌、振荡、紫外线照射、X射线照射、超声波加热等。化学因素可以是加入强酸、强碱、重金属盐、有机试剂（三氯乙酸、苯甲酸、甲醛、乙醇、丙酮）等。蛋白质变性被应用在杀菌、消毒等领域。制作鸡蛋羹的过程，对鸡蛋施加的操作主要是加水、搅拌、加热，有的时候会加盐。

小 文

嗯，蒸鸡蛋羹，听着好简单的样子啊，就是"蛋白质变性"。但为什么我制作的鸡蛋羹，卖相和口感都不佳啊！您看我的作品，蜂窝状的卖相，似渣的口感，我妈妈说是蒸得有点"老"了。

化博士

小文别气馁。其实，鸡蛋羹人人都能蒸好，只要控制好变量，都能做出丝滑、鲜嫩、营养的鸡蛋羹。

蛋白质为什么能够凝固呢？研究表明：生鸡蛋中的蛋白质呈折叠状，加水之后，鸡蛋液和水混合之后蛋白质的肽链伸长和舒展，使得各种化学活性基团暴露出来从而交织成网络结构。再经过加热，将水分子"锁"在网络结构中，于是蛋白质变性凝固。即通过加热使蛋白质变性，有水存在蛋白质会更容易变性。

鸡蛋羹为什么会"老"呢？变性后的蛋白质，在继续加热的条件下，其多肽链的活性基团之间会过度聚合，导致蛋白质分子过度密集地重新排列，使网络结构中的水分子被排挤出来，导致密实的胶态结构被破坏，形成蜂窝脱水状态，鸡蛋羹就"老"了。

有文献专门研究鸡蛋羹的加工工艺，讨论加水比例、加热温度、加热时间等因素对鸡蛋羹品质的影响，以期找到最优的工业化生产条件，目的就是让鸡蛋羹成品的凝胶性较好、无析水现象。

谢谢化博士的讲解！从日常生活的厨房小制作，到食品工业的大生产规模，看似小小的鸡蛋羹制作，也是一门大学问啊！我做完今天的作业之后，就按照食堂师傅的步骤，控制好各种变量，争取自制出滑嫩可口的鸡蛋羹。

好嘞，不客气，小文！等你做好自己满意的鸡蛋羹后，咱们一起品尝。

 我知道了

　　人们往往选择鸡蛋羹作为美味的营养早餐。按照食堂师傅蒸鸡蛋羹的步骤，控制好加水比例、加热温度、加热时间等因素，可以在家自制出光滑如镜、不老不嫩的鸡蛋羹。蛋白质是人体必需的六大营养素之一。通过摄入鸡蛋等食物，可以满足人体对蛋白质的需求。人体摄入蛋白质之后，蛋白质在催化剂的作用下水解成 α-氨基酸，氨基酸分子之间再脱水缩合成人体所需的蛋白质。

 知识链接

　　蛋白质含有 C、H、O、N、S 等元素，是由氨基酸通过缩聚反应形成的，是天然的有机高分子化合物。蛋白质在酸、碱或酶的作用下，最终水解生成氨基酸。蛋白质具有类似于氨基酸的两性。向蛋白质溶液中加入某些浓的无机盐，如 $(NH_4)_2SO_4$、Na_2SO_4 溶液后，可以使蛋白质的溶解度降低而使其从溶液中析出，此过程称为盐析。盐析是可逆过程，可用于分离和提纯蛋白质。加热，紫外线照射，X 射线照射，加入强酸、强碱、重金属盐、一些有机物（甲醛、乙醇、苯甲酸等）会使蛋白质变性，蛋白质的变性过程属于不可逆的过程。含有苯环的蛋白质遇浓 HNO_3 会变黄色，该性质可用于对含苯环的蛋白质的检验。

真题实战

1.［2022 甘肃酒泉初三期中，2］厨房里发生的下列变化中，属

于化学变化的是（　　　）。

A. 分割羊肉

B. 蒸鸡蛋羹

C. 制作腌鸭蛋的盐水

D. 自制天然苹果汁

答案：B

解析：分割羊肉的过程中没有新物质生成，属于物理变化，所以 A 错误。蒸鸡蛋羹的过程中有新物质生成，属于化学变化，所以 B 正确。制作腌鸭蛋的盐水的过程中没有新物质生成，属于物理变化，所以 C 错误。自制天然苹果汁的过程中没有新物质生成，属于物理变化，所以 D 错误。

2. [2019 浙江杭州高一期末，16] 下列说法正确的是（　　　）。

A. 脱脂棉、滤纸、蚕丝的主要成分均为纤维素，完全水解后能得到葡萄糖

B. 大豆蛋白、鸡蛋蛋白分别溶于水后所形成的分散系为胶体，在加热、甲醛、饱和 $(NH_4)_2SO_4$ 溶液、X 射线的作用下，蛋白质的性质都会改变并发生变性

C. 淀粉的水解产物为葡萄糖，葡萄糖在酒化酶的作用下再进一步水解可得到酒精

D. 75% 的乙醇溶液可用于医疗消毒，福尔马林可用于浸制动物标本，二者所含原理一样

答案：D

解析：蚕丝的主要成分是蛋白质，完全水解能得到氨基酸；而脱脂棉、滤纸的主要成分是纤维素，完全水解能得到葡萄糖，故 A

错误。往蛋白质胶体中加入饱和 $(NH_4)_2SO_4$ 溶液，蛋白质会发生盐析，而不是变性。高浓度的盐溶液能使蛋白质的溶解度降低从而导致蛋白质析出，是可逆过程。强酸、强碱或重金属离子会破坏蛋白质的结构，是不可逆过程。故 B 错误。葡萄糖在酒化酶的催化作用下生成乙醇和二氧化碳的反应，是葡萄糖的分解反应，不是水解反应，故 C 错误。乙醇、福尔马林可使蛋白质发生变性，则 75% 的乙醇溶液可用于医疗消毒，福尔马林可用于浸制动物标本，二者原理相同，故 D 正确。

（吴建军）

三

厨具、灶具

20 菜刀的生锈与除锈

- ❓ 菜刀为什么会生锈?
- ❓ 铁锈对身体有什么危害?
- ❓ 怎样能够简单地除去菜刀上的锈?
- ❓ 有什么办法可以防止菜刀生锈?
- ❓ 你了解了铁的哪些性质?

 观察与发现 ❶

　　小文同学今天在厨房陪着妈妈做饭,妈妈让小文帮她洗一下菜,小文同学把洗好的土豆放在了案板上对妈妈说:"妈妈,土豆洗好了,快给我做土豆丝吧。"妈妈拿出菜刀正准备切土豆时,小文拦住了妈妈。

我发现菜刀生锈了，这是为什么？

我们想一想家里的菜刀是什么材质的？一般都放在什么地方？

我知道菜刀是合金的，里面主要有我们常见的铁。我们家的菜刀放在了水池旁的架子上。

锈是一个化学术语，通常指金属（包含合金）表面所产生的氧化物，常见的有铁锈、铜锈、铝锈等。但不是所有金属的氧化物都称为"锈"，常见的金属才会用"锈"来指代其氧化物。铁锈的主要成分是三氧化二铁（Fe_2O_3）。

那菜刀上的锈是怎么形成的呢？

我们家里的菜刀处于有水有空气的环境。菜刀与水和空气两个

因素同时接触时，就会产生我们常说的锈。以最常见的铁为例，菜刀中的铁与水和空气主要会发生电化学反应：

$$4Fe+3O_2+6H_2O == 4Fe(OH)_3$$

具体来说，生锈分成两种：一种是"析氢腐蚀"，一种是"吸氧腐蚀"。切水果后菜刀生锈，倾向于析氢腐蚀；沾盐水后，倾向于吸氧腐蚀。

析氢腐蚀：$Fe+2H^+ == Fe^{2+}+H_2\uparrow$

负极：$Fe-2e^- == Fe^{2+}$

正极：$2H^++2e^- == H_2\uparrow$

吸氧腐蚀：$2Fe+2H_2O+O_2 == 2Fe(OH)_2$

负极：$2Fe-4e^- == 2Fe^{2+}$

正极：$2H_2O+O_2+4e^- == 4OH^-$

$4Fe(OH)_2+O_2+2H_2O == 4Fe(OH)_3$

 观察与发现 ❷

小文的妈妈听到小文说刀上有锈，看到只有一点时想不处理直接切土豆，小文对此产生了疑问。

 小 文

锈不会对我们的身体有害吗？

 化博士

　　金属表面所产生的氧化物对人体的危害是很大的，如果误食或者吸收过多，会影响神经系统、消化系统、呼吸系统，造成呕吐、腹泻、腹痛、头晕、咳嗽等不适。由于人体和绝大部分动植物只吸收二价铁，也就是亚铁，铁锈并不能起到补铁的作用。

 观察与发现 ❸

　　小文发现菜刀上的锈有点多，不想让妈妈直接切土豆，想把菜刀上的锈除去。

生锈的菜刀

 小　文

　　我们怎样能除掉菜刀上的锈？

化博士

铁制品除锈的方法同样适用于菜刀除锈。

我们可以用厨房中常见的一种物品来进行除锈，那就是食醋。食醋中的醋酸（CH_3COOH）可以和菜刀表面的"锈"——三氧化二铁发生化学反应，将其变成能够溶于水的盐，从而实现除锈。但是醋酸与三氧化二铁反应之后会继续腐蚀刀具本身，所以要及时用水将多余的醋酸洗去并且擦干。化学方程式如下：

$$6CH_3COOH+Fe_2O_3 = 2(CH_3COO)_3Fe+3H_2O$$

可以使用氯化铵（NH_4Cl）溶液除锈，因为氯化铵溶液会水解，溶液呈酸性，可以和三氧化二铁发生反应除去铁锈，同时水解之后的酸性不是太强，不会进一步和铁质刀身发生反应，所以使用氯化铵溶液擦洗生锈的地方同样可以起到除锈的作用，而且不用担心刀身被腐蚀的问题。化学方程式如下：

$$3H_2O+Fe_2O_3+6NH_4Cl=2FeCl_3+6NH_3 \cdot H_2O$$
$$Fe_2O_3+6NH_4^+ +3H_2O=2Fe^{3+}+6NH_3 \cdot H_2O$$

还有一种威力更大的除锈方式，那就是用洋葱头。洋葱中含有芥子酸、氨基酸等各种有机酸，它除锈的原理和醋酸除锈的原理是一样的，就是通过与锈迹发生化学反应将其除去，所以只需要把切好的洋葱片在刀身锈迹处摩擦，使点劲儿就可以把锈迹除去了。

当然了，其他厨房里的酸性物质都可以用来除锈哦。

观察与发现 4

在这次和妈妈一起做饭发现菜刀生锈后，小文了解了生锈的原因以及除锈的方法，但是小文觉得每次除锈太麻烦了，就想找到预防生锈的方法。

我们有什么办法能防止刀一类的金属制品生锈吗？

金属在潮湿的空气中易生锈，实际上是铁与空气中的氧气、水蒸气等发生电化学腐蚀，只要破坏铁制品锈蚀的条件，就能防锈。

利用四氧化三铁（Fe_3O_4）处理是一种常见的处理金属表面的方法，它可以有效地提高金属表面的耐腐蚀性和耐磨性，同时还可以增强金属表面的美观性和装饰性。利用四氧化三铁处理的原理是利用四氧化三铁与金属表面发生化学反应，形成一层致密的氧化膜，从而保护金属表面不受腐蚀和磨损。这种氧化膜具有很好的耐腐蚀性和耐磨性，可以有效地延长金属制品的使用寿命。

涂食用油。如果菜刀逐渐开始生锈，可以重新将其打磨到锋利，然后在表面涂一层食用油，过半天再用，从而防止菜刀生锈。平时在菜刀清洗后，一定要及时把水擦干净。涂上食用油可以起到隔绝空气和水的作用。

我知道了

锈是一个化学术语，通常指金属（包含合金）表面所产生的氧化物。

金属表面所产生的铁锈对人体有一定的危害，但是摄入少量的铁锈对人体健康一般不会产生太大的影响。

厨房里的酸性物质通常都可以用来除锈，例如洋葱、醋、柠檬汁等。

防锈的方法就是要隔绝生锈反应发生所需的条件，即隔绝水和空气，从而达到防锈的目的。

知识链接

铁制品锈蚀的过程，实际上是铁与空气中的氧气、水蒸气等发生化学反应的过程。铁制品锈蚀需要条件，例如要有能够发生反应的物质，反应物要能相互接触，生成物不会对反应起阻碍作用，等等。铁与氧气、水等反应生成的铁锈（主要成分是 $Fe_2O_3 \cdot xH_2O$）很疏松，不能阻碍里层的铁继续与氧气、水等反应，因此铁制品容易锈蚀。

了解了铁制品锈蚀的条件，就可以寻找防止铁制品锈蚀的方法了。

 **真题实战**

1. [2021 北京中考, 8] 下列物质能除铁锈的是（　　）。

A. 盐酸　　　　B. 植物油　　　　C. NaOH 溶液　　　　D. 食盐水

答案：A

解析：根据铁锈的主要成分为氧化铁，利用氧化铁的性质来分析能用来除铁锈的物质。盐酸与氧化铁反应生成氯化铁和水（$Fe_2O_3 + 6HCl \rule{0.6cm}{0.4pt} 2FeCl_3 + 3H_2O$），从而除去铁锈，故 A 正确。涂抹植物油可以在金属表面形成一层膜以达到防锈目的，植物油能防锈，但不能用于除铁锈，故 B 错误。NaOH 溶液不能与氧化铁反应，不能用来除锈，故 C 错误。食盐水是氯化钠溶液，而氧化铁不与食盐水反应，不能除去铁锈，故 D 错误。

2. [2021 北京中考, 25] 利用实验研究铁锈蚀的影响因素，记录如下。下列分析不正确的是（　　）。

实验装置	序号	其他试剂	100 s 时 O₂ 的含量
氧气传感器　5.0 g铁粉 0.1 g炭粉 其他试剂　空气	①	干燥剂	21%
	②	10 滴水	15%
	③	10 滴水和 1.0 g 食盐	8%

A. ②③中 O_2 含量减少表明铁已锈蚀

B. ①②证明水对铁锈蚀有影响

C. ②③证明食盐能加快铁锈蚀

D. ①②③证明炭粉对铁锈蚀有影响

答案：D

解析：本题考查铁生锈的条件，即铁锈蚀是常温下铁与氧气和水共同作用的结果。

空气中氧气的体积分数约为 21%，100 s 时，①加入干燥剂后，氧气含量没变，铁未锈蚀；②加入 10 滴水后，氧气含量降为 15%，铁已锈蚀；③加入 10 滴水和 1.0 g 食盐后，氧气含量降为 8%，铁已锈蚀。实验②③中氧气含量由 21% 分别降低到 15% 和 8%，说明在有水存在的情况下，铁已经和氧气发生了反应，即铁已锈蚀，故 A 正确。对比实验①②的条件可知，①中铁不能接触到水，②中铁可以接触到水，在相同时间内，①中氧气含量未变，②中氧气含量减小，即①中铁未锈蚀，②中铁已锈蚀，因此①②证明水对铁锈蚀有影响，故 B 正确。对比实验②③，其他条件相同，③中比②中多加 1.0 g 食盐，结果在相同时间内③比②氧气含量减少更多，由此发现铁在③中比在②中锈蚀得更快，证明食盐能加快铁锈蚀，故 C 正确。

实验①②③中均加入了相同质量的炭粉，且实验中其他试剂不同，因此仅根据实验①②③不能证明炭粉对铁锈蚀有影响，故 D 错误。

（王超越）

21 厨房中的铁锅

❓ 为什么厨房制品很多都用金属材料?

❓ 用铁合金来做炒菜锅具有什么优点?

❓ 铁锅炒菜真的会补充铁元素吗?

❓ 吃生锈铁锅炒的菜会中毒吗?

❓ 怎么描述铁和铁的化合物之间的转化关系?

 观察与发现 ❶

小文每天回家都会观察妈妈做饭。小文发现妈妈炒菜的铲子是木头做的，锅是黑色泛蓝的材料做的，放菜的架子是银白色的材料做的，还有奶锅、烧水壶、水龙头等好多物品都是银白色的，摸上去有些凉。小文问妈妈："厨房里的这些东西都是什么材料做的呀？"妈妈回答道："你看到的银白色器皿一般是用不锈钢材料做成的，不锈钢属于金属材料；炒锅是生铁做的，也是一种金属材料；而锅铲是木材做的。"

 小 文

为什么厨房制品很多都用金属材料?

金属材料在我们的生活中应用得非常广泛，包括纯金属和合金。合金是指一种金属与另一种或几种金属或非金属经过混合熔化，冷却凝固后得到的具有金属性质的固体产物。合金与纯金属相比通常熔点更低、硬度更大。与其他种类的材料相比，金属材料有其显著的优点：首先，金属材料大多是有银白色金属光泽的固体，用来做生活用品十分美观；其次，它有良好的延展性（拉成丝和展成片），易于加工成我们需要的各种形状；再次，它自身有较高的熔点，不易变形，有较好的导热性，能用来制作炊具；最后，炼制金属材料的原料来源广泛，并且易于冶炼，成本较低。

我们厨房中所用的金属材料通常都是什么金属材质？

厨房中金属材料的材质种类较为集中，比如铜、铝、铁等纯金属以及它们的合金。其中最常用的是铁和铁的合金。铁的合金可分为生铁和钢。从下图中我们看出钢的含碳量比生铁低。添加了各种不同金属元素的不锈钢具有不同的优良性能。

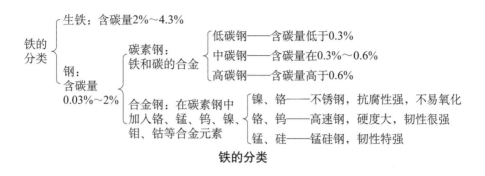

铁的分类

用铁合金来做炒菜锅具有什么优点?

　　铁合金除了具有金属材料普遍的优点外，还具有其独特优势。铁分布广，产量大。铁元素在地壳中的含量排在第四位，也是含量仅次于铝的金属元素。2022年我国的粗钢产量为10.13亿吨，占全球的比重达55.3%。铁的冶炼技术成熟，成本较低。通常通过廉价的焦炭作为还原剂，还原铁的氧化物即可得到铁。这也是铁制品的价格较低的主要原因。还有，铁元素是人体必需的微量元素之一，是血液中血红蛋白上血红素发挥运输作用的核心元素。

　　我们可以用下表来描述小文同学提出的问题的答案。可以看出厨房中利用何种材料主要依据的是材料的性质，同时还要考虑材料的来源、冶炼、价格等因素。

铁的特点及铁锅的优点

金属通性	固体（大多数）	易加工	铁锅的优点
	银白色（大多数）	美观	
	金属光泽	美观	
	导电性	（未利用）	
	导热性	易加热食物	
	延展性	易加工	
铁的特点	价格低	适于量产	
	储量多		
	易冶炼		
	人体必需的微量元素	补充铁元素（待讨论、证实）	

知识链接

　　我国历来有"民以食为天"的观念和说法，饮食文化是中华传统文化重要的组成部分。人们开始用铁锅做菜的历史可以追溯到北宋，延续至今逐渐形成了我国的"铁锅文化"。如章丘铁锅，每一锤都凝聚着匠人的心血，匠人的严谨细致和一丝不苟构成了独特的敬业精神的内核，赋予了铁锅以人文情怀。考古发现我国西周末年已经出现铁器。随着时代的发展及冶铁技术的不断进步，铁及其化合物制品逐渐获得广泛的应用。

观察与发现 ❷

铁锅炒菜真的会补充铁元素吗？

实验事实表明，能被人体吸收的铁元素形态是 Fe^{2+} 和 Fe^{3+}，而对人体有益的铁形态是 Fe^{2+}，铁原子和其他不溶于水的铁的化合物是不能被人体吸收的。要弄清楚这个问题，我们先来看看在炒菜的过程中铁锅的铁原子可能发生什么变化。

炒菜时锅铲的翻动会剐下来微量的铁原子，这些铁原子会在高温时与空气中的氧气反应或遇到高温水蒸气，生成四氧化三铁（Fe_3O_4）。这种氧化物不溶于水，也不太容易与弱酸反应，这种形态的铁几乎不能被吸收。铁原子接触食醋［主要成分为醋酸（CH_3COOH）］，会发生反应生成可溶于水的醋酸亚铁 [$(CH_3COO)_2Fe$]，它能电离出血红素所需的 Fe^{2+}，或者铁原子随菜肴进入人体胃中与胃酸的成分之一盐酸（HCl）反应，生成氯化亚铁（$FeCl_2$），这也能电离出 Fe^{2+}。

铁原子发生的变化

炒菜中涉及的过程	铁原子发生的变化	证实的策略
与调味品醋接触	（化）$Fe+2CH_3COOH=\!=\!=(CH_3COO)_2Fe+H_2\uparrow$ （离）$Fe+2CH_3COOH=\!=\!=2CH_3COO^-+Fe^{2+}+H_2\uparrow$	与醋酸反应后产生 Fe^{2+}

续表

炒菜中涉及的过程	铁原子发生的变化	证实的策略
锅铲子铲剐锅底	铁原子进入胃中与胃酸反应 （化）$Fe+2HCl=FeCl_2+H_2\uparrow$ （离）$Fe+2H^+=Fe^{2+}+H_2\uparrow$	与 HCl 反应后产生 Fe^{2+}
与空气接触	加热条件下铁表面形成氧化膜	Fe_3O_4 不易与酸反应，溶出物可忽略
与高温水蒸气接触	$4H_2O(g)+3Fe\xrightarrow{高温}Fe_3O_4+4H_2\uparrow$	Fe_3O_4 不易与酸反应，溶出物可忽略

怎么用简单的事实检验炒菜过程中确实产生了 Fe^{2+}？

我们可以在试管中模拟炒菜时或在胃酸中铁粉的反应过程。往两个加入适量铁粉的试管中分别加入醋酸溶液和盐酸（HCl 的水溶液），让其充分反应。有没有什么化学试剂能够和 Fe^{2+} 反应并产生明显的现象？答案是有的。比如往 Fe^{2+} 中加入铁氰化钾 $\{K_3[Fe(CN)_6]\}$ 溶液，可以形成蓝色（滕氏蓝）的沉淀。或者利用 Fe^{2+} 向 Fe^{3+} 转化，转化后的 Fe^{3+} 与硫氰酸钾（KSCN）溶液反应生成红色溶液，而 Fe^{2+} 不与硫氰酸钾反应。那么你可以想想，如果用第二种方法，如何调整硫氰酸钾溶液和氧化剂的顺序才能检验得比较充分？

如果先加氧化剂，假设原溶液中已经有 Fe^{3+}，那么就无法通过加硫氰酸钾溶液变红的现象证明 Fe^{3+} 是由 Fe^{2+} 转化的。所以通过先

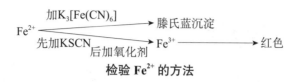

检验 Fe^{2+} 的方法

加硫氰酸钾溶液，溶液不变色，再加氧化剂，溶液变红，才能充分说明原溶液中有 Fe^{2+}。

铁锅"补铁"效果的真实情况是怎么样的呢？"补铁"作用其实与很多因素有关。除了我们上面分析的可行性以外，主要取决于有多少铁有机会进入食品中。食物与铁锅接触的时间、面积、食物的酸度都会产生影响。同时，烹调时所放的油脂会覆盖铁锅内表面，油脂越多，则铁溶出的机会就越小。尽管如此，用铁锅补铁依然有其合理性，尤其在用油量低的时候。

知识链接

砂锅和铁锅都是我国传统的炊具，历史悠久。经过实验发现，砂锅不会污染食物，有安全性，但却不会增加溶出铁量。而用铁锅烹调确实能增加人体摄铁量，有助于防治缺铁性贫血，且也不会溶出过量的铁，有安全性。不锈钢锅是 20 世纪 60 年代后大量进入家庭的炊具，其优点是不生锈，几乎不会溶出过量的 Cr、Al、Ni 等元素，有安全性。早在 20 世纪 40 年代，铝锅就已进入家庭，有轻便、易传热、不生锈等优点，但用铝锅烹调却溶出了较多被怀疑对人体不利的铝，因此铝锅不宜用来烹煮含酸、碱和食盐较多的食物。

观察与发现 ❸

小文注意到如果没有及时擦干铁锅里的水，一段时间之后铁锅内表面就会生成黄色偏红的铁锈。

吃生锈铁锅炒的菜会中毒吗？

研究显示，过量的 Fe^{3+} 对人体细胞有毒性。那么铁锈（主要成分为 $Fe_2O_3 \cdot xH_2O$）和 Fe^{3+} 是一回事吗？不同点是，铁锈不溶于水，Fe^{3+} 溶于水。相同点是，这两种铁形态的化合价都是 +3 价。那么在炒菜过程中两种 +3 价形态的铁能否相互转化？要回答这个问题，我们就要先了解下铁锈在炒菜时和胃液里可能发生的反应。铁锈受热分解成氧化铁，而这种铁的氧化物可与醋酸和盐酸反应。

铁锈发生的变化

炒菜中涉及的过程	铁元素发生的变化	证实的策略
与调味品醋接触	（化）$Fe_2O_3 + 6CH_3COOH = 2(CH_3COO)_3Fe + 3H_2O$ （离）$Fe_2O_3 + 6CH_3COOH = 6CH_3COO^- + 2Fe^{3+} + 3H_2O$	与醋酸反应后产生 Fe^{3+}
锅铲子铲刷锅底	氧化铁进入胃中与胃酸反应 （化）$Fe_2O_3 + 6HCl = 2FeCl_3 + 3H_2O$ （离）$Fe_2O_3 + 6H^+ = 2Fe^{3+} + 3H_2O$	与 HCl 反应后产生 Fe^{3+}

我们发现这两种形态是可以转化的，从原理上来说，会有部分铁锈转化为 Fe^{3+} 被人体吸收。但是我们也不必过于担心，因为在

刷锅阶段就已经有绝大部分的铁锈被除掉，真正炒菜时反应掉的铁锈又只占剩余铁锈中的很小一部分，因此被人体吸收的 Fe^{3+} 就很少。另外，如果要防止铁锅生锈，就要采取一些措施。比如用一定工艺在铁锅表面形成致密氧化薄膜，或者在铁锅表面涂一层油脂起到隔绝空气的作用，再或者养成刷锅后用干抹布擦净内表面水的好习惯。

 知识链接

铁在潮湿的空气中很容易生锈。为防止其生锈我们就要阻断铁接触 O_2 或 H_2O 中的至少一种。金属铜生锈后表面会变成绿色。铜的生锈除了有 O_2 和 H_2O 参与以外，还有 CO_2 的参与。

观察与发现❹

小文发现生活中的现象能够激发他学习化学的兴趣，而学习的化学知识又能帮助他解释生活中遇到的现象，解决生活中遇到的问题。小文从铁锅炒菜过程发生的化学变化中认识了铁单质和铁的化合物，对于化学物质的学习，它们一直是难点。潜意识里小文觉得学习化学物质和它们之间的转化关系有一定的规律可循。

 小 文

我如何清晰地描述铁和铁的化合物之间的转化关系？

化学物质纷繁复杂，我们可以寻求一些认识物质性质和它们转化的方法。比如含有相同元素的物质之间的转化如何清晰地表达呢？我们可以从这些物质的相同点和不同点来入手，依据类别和价态，有条理、有逻辑地来研究。我们以 Fe 和 Fe_2O_3 为例（见下图）。

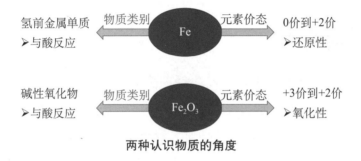

两种认识物质的角度

我们可以以这些物质的物质类别为横坐标，以铁元素的化合价为纵坐标，将我们上面提到的各类含铁元素的物质画在一个坐标系中。下图可以清晰地显示各种含铁物质以及它们的转化关系。

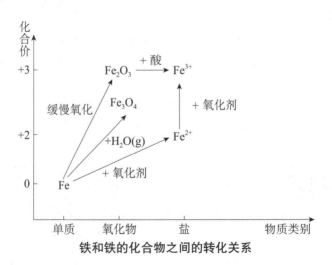

铁和铁的化合物之间的转化关系

 我知道了

通过熟悉厨房中的各种物品，我们了解了金属材料的通性和铁的特殊性。铁锅能够补充铁元素是有事实依据的。用稍生锈的铁锅炒菜，铁锈转化的三价铁离子虽然有一定毒性，但因为总量少，所以对人体影响不大。在学习化学物质时，可以应用一定的方法和规律来深化理解。这样可以逻辑清晰，事半功倍。

 知识链接

Fe^{3+} 与 SCN^- 会形成多种络合物，呈红色。为方便表示，我们用下面的方程式表达：

$$Fe^{3+} + 3SCN^- \rightleftharpoons Fe(SCN)_3$$

📝 真题实战

1. ［2023 北京丰台一模，14］某小组研究 SCN^- 分别与 Cu^{2+} 和 Fe^{3+} 的反应。

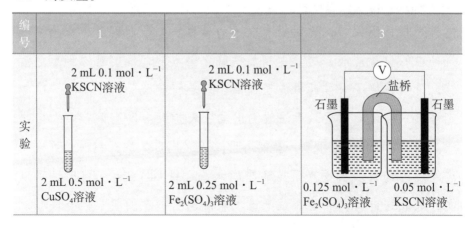

编号	1	2	3
实验	2 mL 0.1 mol·L^{-1} KSCN溶液 ⊔ 2 mL 0.5 mol·L^{-1} CuSO₄溶液	2 mL 0.1 mol·L^{-1} KSCN溶液 ⊔ 2 mL 0.25 mol·L^{-1} Fe₂(SO₄)₃溶液	石墨 盐桥 石墨 0.125 mol·L^{-1} Fe₂(SO₄)₃溶液 0.05 mol·L^{-1} KSCN溶液

续表

编号	1	2	3
现象	溶液变为黄绿色，产生白色沉淀（白色沉淀为 CuSCN）	溶液变红，向反应后的溶液中加入 $K_3[Fe(CN)_6]$ 溶液，产生蓝色沉淀，且沉淀量逐渐增多	接通电路后，电压表指针不偏转。一段时间后，取出左侧烧杯中的少量溶液，向其中滴加 $K_3[Fe(CN)_6]$ 溶液，没有观察到蓝色沉淀

下列说法不正确的是（　　　）。

A. 实验 1 中发生了氧化还原反应，KSCN 为还原剂

B. 实验 2 中"溶液变红"是 Fe^{3+} 与 SCN^- 结合形成了配合物

C. 若将实验 3 中的 $Fe_2(SO_4)_3$ 溶液替换为 $0.25\ mol \cdot L^{-1}$ $CuSO_4$ 溶液，接通电路后，可推测出电压表指针会发生偏转

D. 综合实验 1～3，微粒的氧化性与还原产物的价态和状态有关

答案：C

解析：根据实验 1 的现象，溶液变为黄绿色，产生白色沉淀（白色沉淀为 CuSCN），可知铜元素的化合价由正二价降到正一价，被还原，故 A 正确。实验 2 中"溶液变红"是铁离子与硫氰根离子结合形成红色的硫氰酸铁配合物，故 B 正确。实验 3 中接通电路后，电压表指针不偏转，说明没有电子的转移。一段时间后，取出左侧烧杯中的少量溶液，向其中滴加铁氰化钾溶液，没有观察到蓝色沉淀，说明铁离子未被还原成亚铁离子。若将硫酸铁溶液替换为硫酸铜溶液，接通电源后，无法推测出电压表指针会发生偏转，故 C 错误。综合实验 1～3 可知，当铜离子被还原成硫氰酸亚铜时，可以促进反应的进行，当铁离子被还原成六氰合铁 (Ⅲ) 酸铁 (Ⅱ) 时，可以促进反应的进行，实验 3 无明显现象，说明微粒的氧化性与还原产

物的价态和状态有关。故 D 正确。

2. ［2023 北京丰台二模，11］由实验操作和现象，可得出相应正确结论的是（　　）。

	实验操作和现象	结论
A.	向 NaBr 溶液中滴加过量氯水，溶液变为橙色，再加入淀粉 KI 溶液，溶液变为蓝色	氧化性：$Cl_2>Br_2>I_2$
B.	将补铁剂溶于盐酸，过滤，将滤液加入 $KMnO_4$ 溶液中，溶液紫色褪去	补铁剂中含有二价铁
C.	在 5 mL $FeCl_3$ 溶液中滴加 2 滴 Na_2SO_3 溶液，溶液变为红褐色，再滴加 $K_3[Fe(CN)_6]$ 溶液，产生蓝色沉淀	发生了水解反应和氧化还原反应
D.	将充满 NO_2 的试管倒扣在盛有足量水的水槽中，试管中液面上升，试管顶部仍有少量气体	收集的 NO_2 中含有不溶于水的杂质气体

答案：C

解析：过量氯水也会将碘离子转化为碘单质，不能得出相应结论，A 错误；引入的氯离子也会与酸性高锰酸钾反应，使得溶液褪色，干扰了亚铁离子的检验，不能得出相应结论，B 错误；溶液变为红褐色，说明水解生成了氢氧化铁沉淀，再滴加 $K_3[Fe(CN)_6]$ 溶液，产生蓝色沉淀，说明铁离子被还原为亚铁离子，能得出相应结论，C 正确；二氧化氮和水生成硝酸和不溶于水的一氧化氮气体，导致试管顶部仍有少量气体，不能得出相应结论，D 错误。

（王天吉）

22 如何正确选择和安全使用锅具？

 观察与发现 ❶

　　周末到了，小文一家三口在北京西部门头沟区的古村落爨底下村游玩。小文觉得"爨"字的笔画很多，看着就很复杂。对北京人来讲，因为爨底下村在西郊，可能还知道它的读音，对其他地方的人来讲，可能还真不知道。小文查到了资料："爨（拼音：cuàn）字最早见于战国，古字形上部模拟双手拿着甑〔（拼音：zèng），古代炊具，底部有许多透蒸汽的小孔，类似于现在的蒸馒头用的笼屉〕，中间是灶口，下部表示用双手将木柴推进灶口。爨的本义指烧火做饭，在古代，称厨房为爨室，煮饭的大锅叫爨镬（拼音：huò）。镬是无足的鼎，古代煮肉用的铜器。"短短不到 140 个字，就有 3 个比较复杂的字，小文马上想到了参观博物馆时，看到出土锅具的文物简介上各种生僻、不太会念的字，于是想到：锅具的演变发展史是怎样的呢？

爨底下村的地标

又到了小文长知识的时间啦，化博士也该闪亮登场了。

化博士，您好！传统炊具发展到现代锅具，经历了哪些重要的发展节点？

小文的这个问题问得好！就像学习某个学科要注重学科发展史那样，讨论炊具这个话题也是可以先看看炊具的演变发展史的。放在时代大背景下分析炊具材料的变迁，也是学习化学时可以采用的思路和方法。

处于石器时代的原始社会，限于人类的认知和制作水平，那时的烹饪器具以石头、陶瓷材料为主，比如博物馆陈列的鼎、甑、鬲（拼音：lì）、釜和罐等都是那个时代人类出于求生需要手工制作的炊

具。石头的主要成分是碳酸钙、硅酸盐和二氧化硅。不同石头的主
要成分略有不同。陶瓷材料的基本成分是氧化物，是由黏土和石英
等天然矿物作为原料经过高温烧制而成的，氧化铝、氧化钠和氧化
钾等是陶瓷类产品的助熔剂，能够降低烧结温度，提高陶瓷制品的
密度和强度。下图是二氧化硅的结构示意图，硅氧原子之间通过共
价键键合在一起，保证了陶瓷具有一定的硬度、耐高温性，从而制
成一定形状的容器之后，能用来盛装和烹饪食物。

二氧化硅的巨型共价结构

到了奴隶社会，生产力水平有了一定的提高，青铜锅具登上了
历史舞台。青铜是铜锡合金，具有金属的通性。通过下图（左）的
"电子海"模型可以很好地解释金属的导电性、导热性和延展性，即
自由移动的电子在电场作用下或加热时能够定向迁移。当某种金属
原子之间掺杂了其他金属原子，由于原子半径大小不同，不同金属
原子之间的滑动会比同种金属原子之间的滑动变得困难许多，如下
图（右）金属合金示意图所示。"结构决定性质，性质决定用途"，
青铜之所以可以成为炊具，正是金属的结构使然。

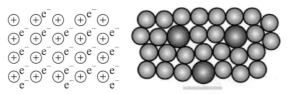

金属晶体"电子海"模型（左）和金属合金示意图（右）

春秋战国时期我国经历了奴隶社会向封建社会的过渡，诸侯之间的战争加剧了人口迁徙，也刺激了生产技术和学术思想的发展。铁质炊具崭露头角，是因为铁制品较之青铜制品具有更加优良的硬度和导热性。随着铁矿石的开采和冶炼技术的发展，到了汉代，铁质炊具已经开始普及了，炊具亦由青铜时代的厚重器物逐步转变为铁器时代的轻薄器物。到了唐宋，"锅"慢慢取代了"炊具"的叫法。在封建社会后期，瓷器也逐步作为锅具用来炖煮和煲汤。到了近现代，现代科技蓬勃发展，厨房里多用的铁、不锈钢、铝等金属锅具，从化学视角来看，是金属合金等无机材料研究的主要对象。当然，人们除了追求传热、耐用、安全等特性，也追求价廉，即产品的性价比要足够高。

哦，谢谢化博士的解答。我们在市场上看到琳琅满目的锅让人眼花缭乱，不知道该怎么选。您能给我们提点建议吗？

选择是要基于需求的。锅具材料的更新离不开技术和科学的进步。随着生活水平的提高，人们在饮食方面投入了许多心思和精力，

研发了各种各样的锅，我们一起走进市场看看吧。

 观察与发现 ❷

小文和化博士走到了超市锅具的陈列架。小文注意到不粘锅、麦饭石锅就占据了一大块地方。小文在琢磨：不粘锅是怎么回事？麦饭石锅又是怎么回事？

超市里陈列的锅具（左）与不粘锅（右）

化博士，您好！能给我讲讲不粘锅和麦饭石锅的材质吗？

据说，在1954年，为了煎鱼时不把鱼片粘在煎锅的锅壁上，法国的一位家庭主妇突发奇想，如果将她丈夫涂在钓鱼线上防止打结的不粘材料特氟龙用在煎锅上，效果一定不错。于是，拯救无数家庭主妇的不粘锅由此诞生。不粘铁锅与普通铁锅相比，就是涂了一层被称为"塑料王"的特氟龙。这种物质包括聚四氟乙烯、聚全氟乙丙烯及各种含氟共聚物。这些聚合物具有耐高温、耐低温、自润滑性和化学稳定性，被广泛用于不粘锅涂层。麦饭石锅则是将特氟龙等不粘材料涂在铝合金锅上。

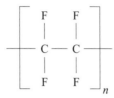
聚四氟乙烯的结构

啊！把塑料涂在锅上，塑料不会在高温烹饪过程中熔化了吗？塑料吃到人体内安全吗？

塑料吃到人体内，肯定是有危害的。塑料微粒会参与人体代谢过程，会引起很多健康问题。

一般来讲，高级不粘锅涂料具有卓越的不粘性、耐高温性、耐摩擦性以及较强的附着力。如果是水性双组分涂料，则分底漆和面漆，原材料是聚四氟乙烯和无机颜料合制而成的。只要是正规厂家生产的合格产品，在合理使用的条件下，确保不破坏聚四氟乙烯涂层，就是安全的。

哦，在使用不粘锅时，有哪些注意事项呢？

健康第一。不合理使用不粘锅的情况，包括如下几方面：

煎炸温度过高。不粘锅的涂层是一层很薄的膜，厚度在 2 毫米左右。如果不粘锅的油温过高，涂层是会分解产生有害物质的，导致化学损伤。所以，不要让不粘锅长时间处在过高的温度下。

不粘锅不适合用于烹饪贝类或酸性食材。贝类食材有坚硬的外壳，会划破不粘锅的涂层，给涂层带来物理损伤。有研究表明，用不粘锅长时间烹煮酸性食材，可能导致涂层分解，给涂层带来化学损伤。涂层破损之后，可能会引起大面积脱落，使食物变得不适合食用。所以，不粘锅不适合用来烹饪贝类或酸性食材。

使用不粘锅不能用铁铲进行炒菜。如果用尖锐的铁铲翻炒食材，往往会破坏不粘锅的涂层，造成物理损伤。所以，保险起见，应用钝感的木质铲或食品级硅胶软铲。

不能用钢丝球擦洗不粘锅。用钢丝球擦洗不粘锅，会导致不粘锅涂层破损甚至脱落，也会造成物理损伤。所以，清洗不粘锅时，要选用柔软的海绵或洗碗布，这样对涂层会温和一点。

看来，不粘锅还是比较娇气的。那不粘锅的使用年限如何呢？

　　事实上，不论使用不粘锅时怎么小心翼翼，聚四氟乙烯涂层经过长时间的使用，难免会破损或脱落，所以为了健康，需要定期更换不粘锅。如果不粘锅使用频次较高，1～2年最好换新锅。如果长期不用，塑料也是会老化的，使用过程中一旦观察到锅体与食物有粘连现象，则说明该换锅了。

　　嗯，不粘锅涂层是聚合物。我注意到用来防烫手的锅柄或锅耳，除了木质的之外，也有不少是橡胶等聚合物做的。

　　是的。还有些锅，比如不锈钢煮锅，锅耳也是不锈钢做的。毕竟对于煮锅而言，锅耳不是核心部件，可以垫块布端，也可以放凉了再端。

观察与发现 ❸

　　锅具是人们日常生活中的必需品。小文在琢磨：市场上有各种各样的锅，该如何做出正确的选择并进行合理的使用呢？

各种各样的锅

 小 文

刚才您给我讲了不粘锅涂层以及合理使用须知。面对市场上各种各样的锅，我还真有点不知道该如何选择了。您能再多讲讲吗？

 化博士

其实，根据自己的需求来选择锅具就行了。我再讲讲砂锅、不锈钢锅、铝锅和铁锅吧。

砂锅是陶瓷材质的，选用时需要关注重金属中毒的情况，也就是要提防铅溶出。长期使用铅超标的锅，可能引起神经损伤或者导致免疫力下降。使用时要规避砂锅接触酸性食物，以免重金属溶出导致食物污染。新买来的砂锅，可以用食醋煮沸浸泡，提前溶出一些有害物质。

不锈钢锅美观耐用，但是需要关注铬超标。不锈钢之所以不生

锈，就是在调节铁碳元素比例适当的基础上，在材料中掺杂铬元素，形成致密氧化铬而阻止铁被氧化。不锈钢锅应避免长期接触酸碱食材，不能长时间存放盐、酱油和菜汤，也不能用来煎煮中药。

铝锅现在用得比较少了，因为使用铝锅烹饪，可能会导致铝元素渗入食物。而过量摄入铝元素对人体的健康有害。使用铝锅时，不能盛装腌制食品，不适合高温烹饪，不能用铁铲。

铁锅应该是安全性最高的锅，烹饪过程中即便溶出一定量的铁元素，对有补铁需求的人会有一定好处。但是，对于没有补铁需求或者患血色素沉着症的人，最好不用铁锅。使用铁锅时，也是不能长时间盛装酸性菜肴，以免在酸性条件下溶出铁元素，破坏维生素C。铁锅也不能用来煎煮中药，以免铁与药物发生反应，破坏药效。要及时清洗铁锅并保持干燥，以免生锈。

嗯，看来不同材质的锅，有不同的特点。

没错，还是那句话"结构决定性质，性质决定用途"。此外，买正规厂家或平台的锅具，还是有质量保障的。

明白了，谢谢化博士。

 我知道了

　　锅具的演变发展需要放在时代大背景下来看。从石器时代、青铜时代到铁器时代，随着技术和科学的发展，锅具材料也在相应地进行变革。从物理视角来看，锅具应该具备优良的导热性而且要耐用。从化学视角来看，锅具应该安全，即锅具材料需要稳定，即便在高温烹饪过程中，也依然要保持很好的稳定性，确保不污染食物，不给人们带来健康方面的担忧。不粘锅通过聚四氟乙烯等涂层，使锅在烹饪食材时具有"不粘"的便利性，但需要额外关注锅具在物理和化学方面的损伤，需要定期换锅。不同材料的锅，有不同的特点。要根据自己的需求，选择正确的锅具，并要安全地使用锅具。从宏观上观察物质，从微观上理解物质，用符号表达物质，在不同层次上创造物质。懂化学，会生活；化学知识越丰富，生活品质就会越高。

知识链接

　　聚四氟乙烯，简写为 PTFE，俗称"塑料王"，是一种以四氟乙烯作为单体聚合制得的高分子聚合物，化学式为 $(C_2F_4)_n$，其耐热、耐寒性优良，可在 $-180\,℃\sim260\,℃$ 下长期使用。这种材料具有抗酸碱、抗各种有机溶剂的特点，几乎不溶于所有的溶剂。聚四氟乙烯具有耐高温的特点，可以用作不粘锅的涂层。聚四氟乙烯的摩擦系数极低，可以起到润滑作用，是易清洁水管内层的理想涂料。

 真题实战

1.[2023 湖南郴州初三期末，16] 大多数不粘锅的内壁上都涂有一层聚四氟乙烯的涂层，其化学式为 $(C_2F_4)_n$，n 为正整数。下列关于聚四氟乙烯的说法错误的是（　　）。

A. 聚四氟乙烯中碳、氟两种元素的原子个数比为 6∶19

B. 该物质具有耐高温的性能

C. 聚四氟乙烯中碳元素的质量分数为 24%

D. 该物质应是一种化学稳定性较强的物质

答案：A

解析：根据聚四氟乙烯中碳元素和氟元素的原子个数比为 $2n∶4n=1∶2$，故 A 错误。根据聚四氟乙烯可以用作不粘锅内壁的涂层，而锅在使用时需要进行加热，因此可推断该物质具有耐高温的性能，故 B 正确。聚四氟乙烯中碳元素的质量分数为 $12×2/(12×2+19×4)×100\%=24\%$，故 C 正确。根据聚四氟乙烯可用作不粘锅内壁的涂层，可知该物质应是一种化学稳定性较强的物质，故 D 正确。

2.[2012 浙江杭州一模，22] 不粘锅之所以不粘，全在于锅底的那一层叫"特氟龙"的涂料。特氟龙是美国杜邦公司研发的含氟树脂的总称，包括聚四氟乙烯、聚全氟乙丙烯及各种含氟共聚物，PFOA（全氟辛酸铵）是生产特氟龙过程中的必要添加剂。研究发现，特氟龙在高温下会释放出十几种有害气体，对健康有害。回答下列有关问题：

（1）聚四氟乙烯的合成途径如下所示：

```
┌─────┐  HF   ┌──────────┐     ┌────────┐   Δ    ┌──────────┐
│ 氯仿 │ ───→ │ 二氟一氯甲烷 │ ──→ │ 四氟乙烯 │ ───→  │ 聚四氟乙烯 │
└─────┘ SbCl₂ └──────────┘     └────────┘ 催化剂  └──────────┘
   A              B                C                  D
```

写出由 B 分解生成 C（又称全氟乙烯）的反应方程式

_____。

（2）聚全氟乙丙烯可看作由四氟乙烯与全氟丙烯按物质的量 1∶1 通过_____反应（填反应类型）而得到的，聚全氟乙丙烯的结构简式为_____。

（3）写出 PFOA 的化学式_____。

答案：（1）$2CHClF_2 \longrightarrow CF_2{=}CF_2 + 2HCl$

（2）加聚

$$\left[CF_2{-}CF_2{-}\underset{\underset{CF_3}{|}}{CF}{-}CF_2\right]_n \quad 或 \quad \left[CF_2{-}CF_2{-}CF_2{-}\underset{\underset{CF_3}{|}}{CF}\right]_n$$

（3）$C_8F_{15}O_2NH_4$

解析：（1）由二氟一氯甲烷分解生成四氟乙烯，还生成 HCl，该反应为：$2CHClF_2 \longrightarrow CF_2{=}CF_2 + 2HCl$。

（2）四氟乙烯与全氟丙烯均含 C=C 键，二者发生加聚反应生成聚全氟乙丙烯，其结构简式为：

$$\left[CF_2{-}CF_2{-}\underset{\underset{CF_3}{|}}{CF}{-}CF_2\right]_n \quad 或 \quad \left[CF_2{-}CF_2{-}CF_2{-}\underset{\underset{CF_3}{|}}{CF}\right]_n$$

（3）PFOA 为全氟辛酸铵，辛酸铵为 $C_7H_{15}COONH_4$，则 PFOA 的化学式为：$C_8F_{15}O_2NH_4$。

（吴建军）

266

23 水垢的产生和除去

? 水垢的成分是什么?

? 水垢的产生原理是什么?

? 有什么样的方法可以除去水垢? 这些方法中哪种最佳?

? 沉淀溶解和转化的本质是什么?

? 如何利用沉淀溶解平衡原理分析网络上提供的除水垢方法
   是否可行?

 ## 观察与发现 ❶

水垢是怎么形成的? 该如何
快速、省力地除去呢?

热水壶水垢

小文在洗澡时发现淋浴喷头出水有点不畅，仔细看了看，发现出水孔有部分被水垢堵住。洗完澡去厨房烧水时，他发现水壶中也结了一层硬硬的水垢。

自来水中含有什么杂质？它们是怎么形成水垢的？

我们生活中使用的自来水含有 Ca^{2+}、HCO_3^-、Mg^{2+}、SO_4^{2-}、Cl^- 等杂质离子，你能根据所学过的化学知识推测水垢的成分吗？

酸式碳酸盐不稳定，碳酸氢钙 $[Ca(HCO_3)_2]$ 和碳酸氢镁 $[Mg(HCO_3)_2]$ 受热分解，分别生成碳酸钙（$CaCO_3$）和碳酸镁（$MgCO_3$），所以水垢的成分是碳酸钙和碳酸镁，对吗？

分析得有道理，但是长期使用的烧水容器内水垢的主要成分是碳酸钙、氢氧化镁 $[Mg(OH)_2]$ 和硫酸钙（$CaSO_4$）。这是因为在加热时除了发生酸式碳酸盐的分解反应，还存在沉淀溶解平衡的移动。体系中存在下列 3 个平衡：

$$MgCO_3(s) \rightleftharpoons Mg^{2+}(aq) + CO_3^{2-}(aq) \qquad （1）$$

$$CO_3^{2-}+H_2O \rightleftharpoons HCO_3^-+OH^- \qquad (2)$$

$$Mg(OH)_2(s) \rightleftharpoons Mg^{2+}(aq)+2OH^-(aq) \qquad (3)$$

在煮沸过程中，温度升高，平衡（2）向右移动，氢氧根浓度增大，平衡（3）向左移动，使得镁离子浓度降低，平衡（1）向右移动，最终碳酸镁转化成氢氧化镁。

喝水时有水垢太影响口感了！我还查阅到水垢的导热能力很差，长期使用的水壶和锅炉中水垢越积越厚，不仅浪费能源，严重的还会引起锅炉变形，带来爆炸的危险呢！

 观察与发现②

为了除去水垢，小文从网站上搜索到了一些除水垢小妙招。

①利用醋除水垢：将几勺醋放入水中，烧一两个小时。

②利用小苏打除水垢：往结了水垢的水壶中放一小匙小苏打，烧沸几分钟。

③利用热胀冷缩原理除水垢：将空水壶放在炉上烧干水垢中的水分，烧至壶底有裂纹或烧至壶底有"嘭"响之时，将壶取下，迅速注入凉水。

④利用纯碱除水垢：将纯碱溶液倒在水壶里浸泡后，再加入盐酸。

⑤利用柠檬除水垢：把柠檬切片放入烧水壶，水烧开煮沸5分钟左右，再浸泡2分钟即可除去。

⑥利用水垢清除剂除水垢：水垢清除剂的主要成分是柠檬酸，把水垢清除剂放入水壶，加热水浸泡20分钟即可。

⑦利用盐酸除水垢：将盐酸倒入水壶中浸泡。

这些小妙招中，哪些是可行的？其原理是什么？小文希望从化学原理的角度弄明白分析小妙招可行性的方法。

我认为方法③可能能够除去水垢，但存在一定安全隐患，不予考虑。剩下的①⑤⑥⑦应该也是可以的，酸可以将碳酸钙、氢氧化镁溶解从而将其除去。但是并不是所有的沉淀都能溶于酸，那么其本质原因是什么呢？

碳酸钙、氢氧化镁之所以能被盐酸溶解，是因为体系中存在平衡：

$$CaCO_3(s) \rightleftharpoons Ca^{2+}(aq) + CO_3^{2-}(aq) \qquad （1）$$

$$Mg(OH)_2(s) \rightleftharpoons Mg^{2+}(aq) + 2OH^-(aq) \qquad （2）$$

加入酸后，酸电离出的 H^+ 会分别与 CO_3^{2-}、OH^- 反应，$c(CO_3^{2-})$、$c(OH^-)$ 降低，平衡（1）（2）正向移动。也就是说沉淀溶解的本质是难溶性电解质沉淀溶解平衡的正向移动。若想让沉淀溶解，所加入的物质必须得能够破坏原有的沉淀溶解平衡，使之正向移动。①⑤⑥⑦能够除去水垢本质就是使水垢成分的沉淀溶解平衡正向移动。但这四种方法哪种最适合用于除去家用水壶中的水垢呢？小文

你能结合下面的资料进行选择吗？

资料1：25℃时，醋酸的电离常数 $K_a = 1.75 \times 10^{-5}$，柠檬酸的电离常数 $K_{a1} = 7.44 \times 10^{-4}$。

小文

让我想想。我认为方法⑥最适合。因为这四种方法的本质都利用的是氢离子（H^+）。①中食醋本身的醋酸浓度就很低，其电离常数又小，所以氢离子浓度会很低，反应速率会很慢。同样⑤中柠檬酸的浓度也太低了。⑦中盐酸酸性太强，反应速率太快，容易腐蚀水壶。⑥中用柠檬酸溶于水，可以达到合适的氢离子浓度，能保证在较快时间内达到效果，且柠檬酸对人体无毒害，所以是最佳选择。

化博士

分析得非常好，在解决实际问题时，还需要结合离子浓度，围绕速率、无毒害、安全性等多种因素综合分析。水垢中除了碳酸钙和氢氧化镁，还有一种成分是硫酸钙。小文你认为咱们刚才讨论的方法能溶解除去以硫酸钙为主要成分的水垢吗？

小文

我来分析一下，沉淀溶解的本质是难溶性电解质沉淀溶解平衡的正向移动，硫酸钙在溶液中存在平衡：$CaSO_4(s) \rightleftharpoons$

$Ca^{2+}(aq)+SO_4^{2-}(aq)$，但是当我们加入酸以后，由于氢离子无法和硫酸根结合，因此无法引起沉淀溶解平衡的移动，所以是溶解不了硫酸钙的。那硫酸钙型的水垢应该如何除去呢？

不同物质的溶度积（K_{sp}）是不一样的，资料2是碳酸钙和硫酸钙的溶度积。结合溶度积数据和沉淀溶解平衡移动原理，小文你分析一下网络小妙招中的方法④可以实现除垢目的吗？

资料2：两种难溶电解质的溶度积。

物质	K_{sp}（25℃）
$CaSO_4$	7.1×10^{-5}
$CaCO_3$	2.8×10^{-9}

硫酸钙在溶液中存在平衡：$CaSO_4(s) \rightleftharpoons Ca^{2+}(aq)+SO_4^{2-}(aq)$（1）。加入的碳酸钠溶液会发生电离：$Na_2CO_3 \Longrightarrow CO_3^{2-}+2Na^+$。这时体系中存在第二个平衡：$CaCO_3(s) \rightleftharpoons Ca^{2+}(aq)+CO_3^{2-}(aq)$（2）。加入饱和碳酸钠溶液后，平衡（2）逆向移动，$c(Ca^{2+})$ 降低，平衡（1）正向移动，最终硫酸钙转变成碳酸钙，实现沉淀的转化：$CaSO_4(s)+CO_3^{2-}(aq) \rightleftharpoons CaCO_3(s)+SO_4^{2-}(aq)$（3），从而使固体溶于盐酸，水垢被除去。

沉淀不仅可以溶解，也可以转化。这是由沉淀溶解的平衡移动造成的。沉淀转化是从难溶向更难溶的方向进行，本质是沉淀溶解平衡的移动。当沉淀不能直接溶于酸时，可以采取先转化后溶解的间接路线，网络方法④利用的就是这一思路。

看来网络真是一个好东西，上面提供的方法都很有效啊！

也不尽然，我们需要运用科学原理对网络上所涉及的信息进行分析，辨别真伪。你认为小妙招②可行吗？

除去水垢的根本思路是使水垢中的沉淀溶解平衡正向移动，小妙招②加入小苏打（碳酸氢钠，$NaHCO_3$）无法使得碳酸钙、氢氧化镁和硫酸钙的沉淀溶解平衡正向移动，也就无法溶解除去它们。我明白了，我们还是要运用科学的方法去辨别信息的真伪！

非常正确！看来你是真学会了，能从化学的视角利用沉淀溶解平衡原理灵活解决生活中的实际问题了。

 我知道了

　　水垢的成分以碳酸钙、氢氧化镁和硫酸钙为主，其中碳酸钙是碳酸氢钙受热分解生成的，而氢氧化镁是碳酸镁在水溶液中沉淀转化的结果。

　　除去以碳酸钙、氢氧化镁为主要成分的水垢可以通过加酸的方法使沉淀溶解，除去硫酸钙为主要成分的水垢采用先将沉淀转化后溶解的方法。无论是沉淀的溶解还是沉淀的转化，其本质都是沉淀溶解平衡的移动。

　　利用沉淀溶解平衡移动原理可以分析解决生活中与沉淀溶解、转化相关的问题。在解决实际问题时，重要的是把实际问题转化为化学问题，然后利用化学知识原理去分析解决。同时，我们需要结合速率、平衡、无毒、安全性等多种因素综合分析，选择最佳方案。

知识链接

　　在一定温度下，当难溶性电解质溶于水形成饱和溶液时，沉淀的溶解速率和生成沉淀的速率相等，此时就达到了沉淀溶解平衡状态。

　　（1）溶度积常数：一定温度下，在难溶电解质的饱和溶液中，各离子浓度以其化学计量系数为指数的幂的乘积为一常数，用 K_{sp} 表示。对于沉淀溶解平衡：$A_mB_n(s) \rightleftharpoons mA^{n+}(aq)+nB^{m-}(aq)$，溶度积常数 $K_{sp}=[c(A^{n+})]^m \cdot [c(B^{m-})]^n$。与其他平衡常数一样，$K_{sp}$ 的大小只

受温度的影响。

（2）通过比较溶度积与溶液中各离子浓度以其化学计量系数为指数的幂的乘积——浓度商（Q）的相对大小，可以判断难溶电解质在给定条件下能否生成或溶解。

当 $Q < K_{sp}$ 时，溶液不饱和，沉淀会溶解，因此可以通过加入某些物质与平衡体系中的相应离子反应，降低该离子的浓度，使平衡向溶解方向移动；

当 $Q = K_{sp}$ 时，溶液饱和，沉淀与溶解处于平衡状态，沉淀质量既不增加也不减少；

当 $Q > K_{sp}$ 时，溶液过饱和，会有沉淀析出，据此，可加入沉淀剂，使某些离子以沉淀形式析出，以达到分离、除杂的目的。

1.［2021 北京海淀一模，12］为研究沉淀的生成及转化，同学们进行如下图所示实验。

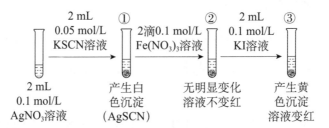

下列关于该实验的分析不正确的是（　　　　）。

A. ①中产生白色沉淀的原因是 $c(Ag^+) \cdot c(SCN^-) > K_{sp}(AgSCN)$

B. ①中存在平衡：$AgSCN(s) \rightleftharpoons Ag^+(aq) + SCN^-(aq)$

C. ②中无明显变化是因为溶液中的 $c(SCN^-)$ 过低

D. 上述实验不能证明 AgSCN 向 AgI 沉淀转化反应的发生

答案：D

解析：当 $Q=c(\text{Ag}^+)\cdot c(\text{SCN}^-)>K_{sp}(\text{AgSCN})$ 时，①中产生白色沉淀，A 正确；①中白色沉淀是 AgSCN，存在沉淀溶解平衡：$\text{AgSCN(s)}\rightleftharpoons\text{Ag}^+\text{(aq)}+\text{SCN}^-\text{(aq)}$，B 正确；$\text{Fe}^{3+}$ 遇 SCN^- 会发生反应：$\text{Fe}^{3+}+3\text{SCN}^-\rightleftharpoons\text{Fe(SCN)}_3$，溶液未变红说明溶液中的 $c(\text{SCN}^-)$ 过低，C 正确；依据③中的实验现象，生成的黄色沉淀是 AgI，溶液变红说明 $c(\text{SCN}^-)$ 增大，即沉淀溶解平衡 $\text{AgSCN(s)}\rightleftharpoons\text{Ag}^+\text{(aq)}+\text{SCN}^-\text{(aq)}$ 发生了正向移动，其原因为加入 KI 溶液后 I^- 与 Ag^+ 发生反应生成 AgI，证明 AgSCN 向 AgI 沉淀转化反应的发生，D 错误。

2. 将等体积的 0.1 mol/L AgNO_3 溶液和 0.1 mol/L NaCl 溶液混合得到浊液，过滤后进行如下实验：

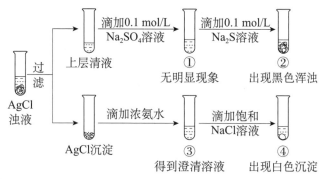

下列分析不正确的是（　　　）。

A. ①的现象说明上层清液中不含 Ag^+

B. ②的现象说明该温度下 Ag_2S 比 Ag_2SO_4 更难溶

C. ③中生成 $[\text{Ag(NH}_3)_2]^+$，促进 AgCl(s) 逐渐溶解，平衡正向移动

D. 若向③中滴加一定量的硝酸溶液，也可以出现白色沉淀

答案：A

解析：向①中滴加 0.1 mol/L Na₂S 溶液，出现浑浊，说明①的溶液中仍然存在银离子，A 错误；向上层清液中滴加 0.1 mol/L Na₂SO₄ 溶液无现象，但滴加 0.1 mol/L Na₂S 溶液出现黑色浑浊，说明 Ag_2S 比 Ag_2SO_4 更难溶，B 正确；向氯化银沉淀中滴加浓氨水得到澄清溶液，是由于加入浓氨水后发生反应 $2NH_3 \cdot H_2O + Ag^+ \rightleftharpoons [Ag(NH_3)_2]^+ + 2H_2O$，$c(Ag^+)$ 降低，使得沉淀溶解平衡 $AgCl(s) \rightleftharpoons Ag^+(aq) + Cl^-(aq)$ 正向移动，促使 $AgCl(s)$ 逐渐溶解，C 正确；若向③中滴加一定量的硝酸溶液，$NH_3 \cdot H_2O$ 与硝酸反应，$c(NH_3 \cdot H_2O)$ 减小，$2NH_3 \cdot H_2O + AgCl(s) \rightleftharpoons [Ag(NH_3)_2]^+ + Cl^-(aq) + 2H_2O$ 平衡逆向移动，出现氯化银沉淀，D 正确。

（蒋艳）

24 碗筷清洁剂中的奥秘

- ❓ 刷碗所用的清洁剂是如何去油污的？
- ❓ 如何在超市挑选合适的清洁剂？

 观察与发现 ❶

晚饭后，小文在家里帮忙刷碗时发现，放一些清洁剂，盘子中的油污轻松就被洗掉了。

 小 文

化博士，清洁剂是如何去油污的呢？

　　清洁剂中有一种去污分子名叫十二烷基磺酸钠：它长得像个小蝌蚪，有个小脑袋，喜欢往水里面钻，我们叫它亲水基团；它还有个小尾巴，喜欢伸入油污中，我们叫它疏水基团。当这些去污分子遇到油污的时候，就会群起而攻之，所有的分子的疏水尾巴朝内伸入小油滴，亲水的头部朝外浸润在水中，形成了一个球，我们称之为胶束。就是这一个个小胶束将小油滴包裹起来，使其离开盘子和碗的表面，餐具就被清洗干净啦。

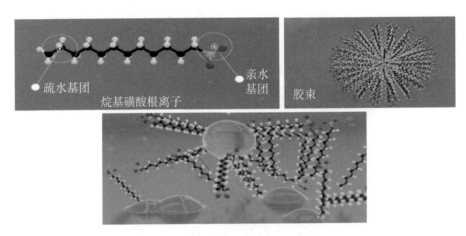

十二烷基磺酸钠

　　小分子身上不同的结构部位承载了不同的功能，居然能够分解油污，太神奇啦！

观察与发现 ❷

　　厨房里的清洁剂用完了，一天晚上小文和妈妈来到超市买清洁剂，面对琳琅满目的商品，小文看花了眼。

　　化博士，这么多清洁剂我们应该买哪一个呢？

　　买东西先看成分表，成分表中排在前面的就是主要成分。

　　这款清洁剂上写着十二烷基磺酸钠。

化博士

十二烷基磺酸钠是清洁剂的主要成分，生产成本低，因此这款清洁剂的售价也较低。下图是它的分子结构，方形框内部分是可以伸入油滴的疏水尾部，圆形框内部分是亲水的头部。

十二烷基磺酸钠的结构

还可以把亲水基团的磺酸盐设计成其他有机或无机酸盐的形式，例如：羧酸盐（R-COONa）、硫酸酯盐（R-OSO$_3$Na）、磷酸酯盐（R-OPO$_3$Na$_2$）等。这些表面活性剂的亲水头部都是酸根阴离子，因此我们称之为阴离子表面活性剂。

小文

哇，这款清洁剂的第一个成分就是阴离子表面活性剂。

化博士

是的。写出具体的物质名称，大多数消费者看不懂。即便写出阴离子表面活性剂的物质分类，还是有不少消费者不了解。不过小文，你听了今天的讲解，会在一定程度上看懂清洁剂的配方。

小 文

化博士，这款清洁剂的最后一个成分是一种叫谷氨酸二乙酸四钠的物质。我知道谷氨酸钠就是味精，那这种物质跟味精有什么关系吗？它有什么作用呢？

化博士

我正想介绍阴离子表面活性剂的一个缺点：北方的水中"水碱"多，也就是水质偏硬，究其本质是水中钙离子和镁离子的浓度太高了。而钙镁离子会与阴离子表面活性剂结合，导致它们无法发挥去油污的功能。因此，你找的这个虽其成分含量低，但有大用处。它可以与水中的钙镁离子结合，让阴离子表面活性剂的作用发挥到最大。

小 文

化博士，我找到一款高级清洁剂，上面写着"含天然玉米发酵物的洗洁剂，可直接接触食品"。这是真的吗？

化博士

是真的。这款清洁剂的主要成分是烷基葡糖苷类的表面活性剂，它是一种安全绿色、非离子型表面活性剂，除了清洗碗筷，确实可以直接接触蔬菜瓜果，清除食物表面的农药残留。

下图是烷基葡糖苷的结构。疏水的尾部从椰子油中制取，亲水的糖苷结构的头部来自玉米发酵的产物，因此生产烷基葡糖苷的原

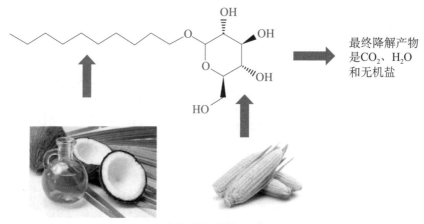

最终降解产物
是CO_2、H_2O
和无机盐

烷基葡糖苷的结构

料都是绿色的。此外，洗碗污水中的烷基葡糖苷可以最终降解为二
氧化碳、水和无机盐，分解产物也是绿色的，因此它是一款环境友
好的表面活性剂，但是成本也会比较高。

谢谢化博士，我知道怎么挑选清洁剂了。我打算买一款以阴
离子表面活性剂成分为主的清洁剂，主要用于刷碗去油污，虽用
量大但是价格低，很划算。然后再买一瓶以烷基葡糖苷成分为主
的清洁剂，专门用来清洗瓜果的农药残留。尽管价格较高，但是
用量少，可以用很长时间呢。

我知道了

市面上碗筷清洗剂主要以阴离子表面活性剂和非离子型表面
活性剂为主，表面活性剂均具有亲水的头部结构和疏水的尾部结

构，表面活性剂分子借助疏水尾部伸入到油滴内，将油滴包裹起来，并随水流带走油污。阴离子表面活性剂的价格较非离子型更低，但是非离子型表面活性剂不与钙镁离子反应，因此有更好的抗硬水能力。此外，烷基葡糖苷类的非离子型表面活性剂，安全无毒，可以用来清洗蔬菜瓜果。

知识链接

表面活性剂具有极性不同的结构片段，这决定了表面活性剂具有两亲性和去油污功能。烷基中较长的碳骨架为弱极性结构片段，起到疏水的作用。离子型和非离子型表面活性剂仅是亲水头部的结构不同，但均具有亲水性。前者通过成盐，后者通过多个极性基团——羟基的修饰，从而增大在水中的溶解度。

真题实战

1. 下列关于有机化合物的说法不正确的是（　　　）。

A.	B.	C.	D.

木糖醇（$C_5H_{12}O_5$）是一种天然甜味剂，属于糖类化合物	聚乙烯由线形结构转变为网状结构能够增加材料的强度	DNA 的两条多聚核苷酸链间通过氢键形成双螺旋结构	烷基磺酸钠（表面活性剂）在水中聚集形成的胶束属于超分子

答案：**A**

解析：木糖醇属于醇类，不属于糖类化合物，故 A 错误。线形结构的高分子通过分子间的相互作用力结合，聚乙烯由线形结构转变为网状结构能够增加材料的强度，故 B 正确。DNA 分子双螺旋结构中两条链之间通过氢键相连，故 C 正确。表面活性剂在水中会形成亲水基团向外、疏水基团向内的胶束，属于超分子，故 D 正确。

2. 化合物 A 是一种常用的表面活性剂，具有起泡性能好、去污能力强等特点，其结构如下图所示。已知 X、Y、Z、W、M 均为短周期常见元素，W 是形成物质种类最多的元素，X、Y 为同族元素，Z、M 为同族元素，基态 Z 原子的核外电子有 6 种空间运动状态。

$$Z^+\left[\begin{array}{c}
M \\
M-W \\
M
\end{array}\left(\begin{array}{c}
M \\
W \\
M
\end{array}\right)_n\begin{array}{c}
X \\
X=Y=X \\
M \\
X
\end{array}\right]^-$$

下列说法错误的是（　　）。

A. 原子半径：Z＞Y＞X＞M

B. 电负性：X＞Y＞W＞M＞Z

C. X、Y、Z、W 的简单氢化物中稳定性最强的、熔沸点最高的为 X 的氢化物

D. 均由 X、Y、Z、M 四种元素组成的两种盐可以发生反应

答案：C

解析：W 是形成物质种类最多的元素，W 为 C；Z 可形成 +1 价阳离子，基态 Z 原子的核外电子有 6 种空间运动状态，Z 为 Na；

Z、M 为同族元素，M 可形成 1 个共价键，M 为 H；X、Y 为同族元素，X 二价，Y 六价，则 X 为 O、Y 为 S。

同周期主族元素从左到右原子半径逐渐减小，同主族元素从上到下原子半径逐渐增大，原子半径：$Na > S > O > H$，A 项正确。一般来说，同主族元素从上到下电负性逐渐减小，电负性：$O > S > C > H > Na$ [提示：CS_2 中 C 显正价，S 显负价，可知电负性 $S > C$]，B 项正确。X、Y、Z、W 的简单氢化物分别为 H_2O、H_2S、NaH、CH_4，NaH 为离子化合物，熔沸点最高，C 项错误。$NaHSO_3$ 和 $NaHSO_4$ 可以发生反应 $NaHSO_3 + NaHSO_4 \Longrightarrow Na_2SO_4 + H_2O + SO_2\uparrow$，D 项正确。

（王珊珊）

25 厨房中的爆炸盐

 观察与发现 ❶

小文帮助妈妈做饭，不小心衣服上溅到了酱油，小文当时没有发现，等到吃完饭才发现衣服上的酱油点子。

小文用了家里的肥皂、洗衣粉、去污粉、洗涤灵，都没有办法将残留在衣服上面的酱油污迹去除干净。难道就没有能把它洗掉的方法吗？

 小 文

洗涤剂为什么不能洗去酱油污渍？

酱油

　　在日常生活中，我们使用的洗涤剂大多数为表面活性剂，例如洗涤灵、洗发液之类；还有一些则属于乳化剂，例如肥皂。它们能将污物从物体表面带走，但是这些污物其实并没有变化。当然，氢氧化钠等强碱除油污的原理就大不一样，是利用油脂在强碱溶液中的皂化反应生成羧酸钠盐和甘油的原理。

　　不同的污物性质不同，因此就应该使用不同的表面活性剂，现在还没有发现一种万能的表面活性剂。

　　既然没有合适的表面活性剂，那有没有其他的方法？

当然有，前面刚刚提到可以使用化学方法将污物反应掉。通过发生酸碱反应、氧化还原反应等方式把污物转化为其他物质，使得我们观察不到原来的污物。

例如衣物上粘上了铁锈（氧化铁，Fe_2O_3），我们可以使用草酸（$H_2C_2O_4$）来进行处理，这是因为其有很强的还原能力。铁锈中的铁是三价铁，不溶解于水，碰到草酸就还原成溶解性好的二价铁，也就可以将污物从衣物上去除了。

除了除锈迹，草酸对衣物上的酱油渍、醋渍、血迹都有一定的去除效果。

不过要注意的是，草酸具有一定的腐蚀性，使用过程中要戴好手套，同时要控制好用量和时间，不然对织物也会产生伤害。

草酸有很强的还原能力，所以能去污，那么是不是也有具有强氧化能力的去污剂，例如双氧水（H_2O_2）？

确实可以使用具有氧化能力的试剂来去污，不过氧化能力强就意味着同样可能会对织物产生伤害。我们需要在氧化能力和保护织物之间寻找一个平衡。双氧水的氧化性太强了，并且对人体也有很强的腐蚀性，性质还不够稳定，使用中如果不慎在双氧水中落入杂质就可能导致双氧水快速分解，有很大的安全隐患，因此不适合用于洗涤。

现在市场上的一种叫作爆炸盐的洗涤剂就是利用氧化性去污的。

爆炸盐的有效成分叫作过氧碳酸钠（$2Na_2CO_3 \cdot 3H_2O_2$），其去污原理就是过氧碳酸钠在水中会缓慢分解，产生碳酸钠、水和氧气。碳酸钠显碱性，有去除油渍的能力；氧气具有很强的氧化性，可以把污渍氧化为其他物质，从而将污物去除。过氧碳酸钠分解生成的碳酸钠会提高水中的 pH 值，而双氧水（H_2O_2）在碱性条件下更容易分解释放出氧气。对于因时间较长而发黄、发暗的衣服，以及衣领和袖口等难以洗净的部位，过氧碳酸钠的去污效果非常明显。

$$2(2Na_2CO_3 \cdot 3H_2O_2) =\!=\!= 4Na_2CO_3 + 6H_2O + 3O_2\uparrow$$

小 文

既然爆炸盐有这么好的去污效果，那洗衣服为什么不能只用爆炸盐？

化博士

爆炸盐不是专门的洗涤剂，洗涤主要是依靠洗衣粉或洗衣液，利用这些表面活性剂就能达到去除衣物表面污渍的目的。爆炸盐仅仅是一种助洗剂，用来去除那些不容易去除的污渍，不能代替洗衣粉和洗衣液。过氧碳酸钠无味、无毒，在冷水中易于溶解，去污力强，溶于水后能释放出氧气从而起到漂白、杀菌等多种功效。

市场上常见的爆炸盐分为两种：爆炸盐助洗剂与爆炸盐洗衣粉。

它们最大的特点在于无磷无氯，单独使用或是作为助洗剂与普通洗衣粉同时使用，都可以达到洗去各种不同顽固污渍的目的。现代洗涤剂普遍呈现多功能化，即在去污的同时，兼有漂白、杀菌、消毒等作用。

爆炸盐是碱性的，是不是可以用来去除厨房中的油渍？

小文的推理非常正确。

过氧碳酸钠遇水后呈现的碱性环境对厨房油垢也有很好的辅助清洁作用。若是普通油垢，则用其和洗洁精一起正常清洁即可；若是顽固油垢，则可以洒一些水，将油垢用过氧碳酸钠泡10分钟左右，再用清水清洁。烧黑的不锈钢锅，用过氧碳酸钠清洁也有很好的除垢效果。

 观察与发现 ②

周末小文和家人一起外出游玩，来到一处鱼塘钓鱼，看到鱼塘的工作人员正在往鱼塘里撒东西。小文以为是鱼食，也要过去帮着撒，却被工作人员制止了。工作人员说这个不是鱼食，是鱼浮灵，会伤手的。

小文很喜欢化学，已经养成了看标签的习惯，于是认真地看鱼浮灵的包装，上面居然写着主要成分是过氧碳酸钠。小文很是奇怪，这个不是去污用的吗，怎么用到鱼塘里了？

过氧碳酸钠为什么可以用在鱼塘中？它起到什么作用？

鱼浮灵的主要成分是过氧碳酸钠。将鱼浮灵投入水中后，由于能释放氧气，所以能达到提高水体溶解氧的效果。鱼浮灵一般用来应急增氧，当连续阴天或者光照强烈时，通过加入这类化学增氧剂可以控制水体微生物的平衡，改善水质。在活体水产品运输过程中，使用鱼浮灵能为鱼、虾、蟹等迅速提供其呼吸所必需的、充足的氧气。此外，鱼浮灵还可以给水族箱中的观赏鱼增氧。

使用鱼浮灵会不会把鱼也杀死了？

当然不会，需要控制好用量，在不同的地方用量不同。过氧碳酸钠用于洗涤去污时相对于水量而言用量比较大，溶液的浓度大，用在鱼塘时相对用量就比较小了。过氧碳酸钠虽然显碱性，但是相对于巨大的水体而言就很少了。而氧气在水中的溶解度（30 mL/L）

非常小，增加的那些氧气相对于水体而言就显得很多。

我们不妨做一个简单计算。我们有 10 g 过氧碳酸钠，如果撒在鱼塘中，会分解出来 1 g 氧气，这 1 g 氧气就可以使 23 m³ 的水体达到氧饱和。实际上，原来水体中不可能没有氧，增氧也不需要达到氧饱和，这样 10 g 过氧碳酸钠可以给远多于 23 m³ 的水体增氧。而我们洗涤衣物去除油渍的时候，10 g 过氧碳酸钠溶解在 50 L 或者更少的水中，与增氧相比浓度相差 1 000 倍甚至更多，如果使用这个浓度鱼就无法存活了。

严格说化学试剂没有绝对无毒，谈论毒性一定要结合浓度和用量。

 观察与发现 ❸

小文和爸爸妈妈去看望爷爷奶奶，正好看到爷爷在清洗假牙，小文过去帮忙，发现清洗假牙的材料是一种白色粉末，小文一看标签，主要成分又是过氧碳酸钠。

过氧碳酸钠为什么具有抑菌作用？

过氧碳酸钠分解出的氧气具有强氧化性，可用于杀灭附着在物体表面的乙肝病毒、大肠杆菌、白葡萄球菌等有害微生物，从而达

到消毒的目的。由于过氧碳酸钠分解产生碳酸钠、水和氧气，碳酸钠就是我们日常使用的碱面，对人无害，所以用过氧碳酸钠消毒后的物品即使冲洗得不干净，也不会对人体造成伤害。

 小文

过氧碳酸钠的使用禁忌还不少，为什么不能用在羊毛、皮革、油漆、丝绸等物品上？还不能让儿童碰到？

注意事项：
1.因为使用本品时会有氧气溢出，请勿在密闭容器中使用，以免胀裂。
2.请将本物置于儿童不易接触和阴凉干燥处。
3.若不慎溅入眼内或误食，请用大量清水冲洗并及时就医。
4.本产品不建议使用在羊毛、丝绸、皮革上，也不建议使用在珠宝、乳胶、油漆、铁、铝、银、铜材质及木制品上。

过氧碳酸钠的使用注意事项

 化博士

由于过氧碳酸钠具有比较强的氧化性，如果在这些物品上使用，过氧碳酸钠可能会和这些物品中的材料发生化学反应，导致这些物品被化学腐蚀，出现脱色、起皮等现象。因此，使用的时候一定要注意禁忌，避免为去污反而损害物品。

由于过氧碳酸钠显碱性并且会释放出氧气，皮肤敏感的人接触到可能会出现皮肤瘙痒、红肿的情况，所以在使用时要佩戴好橡胶手套，同时应避免液体溅入眼中。如果不慎触碰到要立即用清水冲

洗，情况严重时要及时就医。

小文

　　过氧碳酸钠从化学成分上看就是把碳酸钠、双氧水混合在了一起，我们能不能自己制取过氧碳酸钠？

化博士

　　从成分上看，你说得非常正确，但是并不是简单混合，而是发生了化合反应：

$$2Na_2CO_3 + 3H_2O_2 == 2Na_2CO_3 \cdot 3H_2O_2$$

　　双氧水性质比较活泼，是一种危险化学品，因此不能在家里制取。反应的过程其实比较简单，只是由于双氧水的性质比较活泼，反应需要在低温下进行，温度高了双氧水就自行分解了；并且由于过氧碳酸钠在水中的溶解性非常好，反应过程中要严格控制水量，不然就都溶解在水中，就得不到我们需要的产品了。

　　化学实验要在化学实验室中进行，不要在家里进行化学实验。

我知道了

　　爆炸盐的学名叫过氧碳酸钠，它是利用其氧化性和碱性去污的。爆炸盐还可以用于消毒杀菌和鱼塘增氧。由于过氧碳酸钠具有腐蚀性，用时要严格按照要求规范使用，避免对物品造成损害。制取过氧碳酸钠需要对反应条件进行严格控制。

知识链接

碳酸钠俗称为纯碱，溶于水后发生水解，溶液显碱性。碳酸钠在古代便被用作洗涤剂和用于印染。目前碳酸钠被广泛应用于人工制备各种肥皂和合成洗涤剂。

爆炸盐的有效成分为过氧碳酸钠（$2Na_2CO_3 \cdot 3H_2O_2$），去污能力强，溶于水后能释放氧气，兼有漂白、杀菌、消毒等作用，是一种助洗剂。

真题实战

超市里出现了一种含有"污渍爆炸盐"的新产品，能够清除衣物上难以清洗的汗渍、果汁，它的特殊名称让小明产生了探究的兴趣。

（1）小明在超市　　　　　　　　区域购买此产品。

（2）阅读产品标签："污渍爆炸盐"是一种衣物助洗剂，主要成分是过碳酸钠（Na_2CO_4），能在瞬间去除洗衣液难以去除的多种顽固污渍，本产品不伤衣物，无磷是它的一大优点。含磷洗涤剂对环境的危害是　　　　　　　　　　　　　　。

（3）查阅资料：过碳酸钠是白色结晶颗粒，溶于水，会产生碳酸盐和其他化合物。

合理猜想其他化合物为：A. NaOH；B. H_2O_2；C. NaOH 和 H_2O_2。小明做出以上猜测的理论依据是：　　　　　　　　　　　。

（4）实验设计：探究"污渍爆炸盐"水溶液的成分，完成下列

表格。已知 $Mg(OH)_2$ 是难溶于水的白色固体。

实验步骤	实验现象	实验结论
步骤1：取少量"污渍爆炸盐"于烧杯中，加入足量蒸馏水，充分搅拌	固体完全溶解，形成无色溶液	
步骤2：取少量步骤1的溶液于试管中，加入 ＿＿＿＿＿ 振荡，静置	白色沉淀	含有 Na_2CO_3
步骤3：取少量步骤2试管中的上层清液于另一支试管中，加入少量 $MgCl_2$ 溶液，振荡	无明显现象	＿＿＿＿
步骤4：另取一支试管，取少量步骤1形成的溶液，再加入 ＿＿＿＿＿，将带火星的木条伸入试管中		含有 H_2O_2

（5）实验结论：猜想 ＿＿＿＿＿ 正确。写出过碳酸钠与水反应的化学方程式：＿＿＿＿＿＿＿＿＿＿＿＿＿＿＿＿＿。

答案：

（1）洗涤产品

（2）导致水体富营养化

（3）质量守恒定律

（4）如下表所示

实验步骤	实验现象	实验结论
步骤1：/	/	/
步骤2：氯化钙（澄清石灰水）	/	/
步骤3：/	/	不含有氢氧化钠
步骤4：少量二氧化锰	木条复燃	/

（5）B　$Na_2CO_4+H_2O\!=\!=\!=\!Na_2CO_3+H_2O_2\uparrow$

解析：题干给出"能够清除衣物上难以清洗的汗渍、果汁"，因此"污渍爆炸盐"属于洗涤剂产品。氮、磷、钾都是植物生长不可或缺的重要营养元素，如果磷含量高，就会导致植物或者水中藻类快速生长和繁殖，导致水体富营养化。根据化学式分析，"污渍爆炸盐"含有碳、氧和钠三种元素。由于题目给出溶于水，产物有碳酸盐，水中还有氢元素，另一产物一定是由钠、氧、氢三种元素中的两种或者三种组成的物质。根据已经掌握的知识，过碳酸钠生成双氧水和氢氧化钠。由于产生白色沉淀，且结论为产物中有碳酸钠，则沉淀应为碳酸盐沉淀，即碳酸钙，因此反应物中应该含有钙元素。题目给出氢氧化镁难溶于水，如果溶液中含有氢氧化钠，则会和氯化镁反应产生沉淀，由于没有明显现象，可以推定不含有氢氧化镁，因此溶液中没有氢氧化钠。由于结论是产物中含有 H_2O_2，在遇到二氧化锰就会被催化分解产生氧气，因此会出现木条复燃的现象。

综上可得出猜想 B 正确，方程式为：$Na_2CO_4 + H_2O =\!\!=\!\!= Na_2CO_3 + H_2O_2$。

（曹葵）

五

厨余垃圾

26 厨房里的虾蟹壳

❓ 虾蟹壳是不是厨余垃圾？

❓ 虾蟹壳是不是可以补钙？

❓ 什么是甲壳素？

❓ 虾蟹壳里面的甲壳素有什么作用？

❓ 甲壳素提取的基本原理是什么？

 观察与发现 ❶

小文同家人吃饭，今天的餐桌上非常丰盛，有天津大闸蟹和白灼虾。

大闸蟹

白灼虾

饱餐之后，小文清理餐桌，看着满桌的虾蟹壳，心想这些应该算垃圾，没有什么回收利用价值，于是就把虾蟹壳倒入了标识为厨余垃圾的垃圾桶。

爸爸突然说："其实虾蟹壳还是有用的。"妈妈在一旁也说："以前都是吃虾皮补钙的。"小文一愣：虾蟹壳到底应该算什么垃圾？

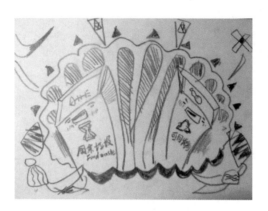

 小　文

虾蟹壳是厨余垃圾还是可回收垃圾？

 化博士

在日常生活中各家各户食用后剩余的虾蟹壳属于厨余垃圾，有些地方又叫湿垃圾或者有机垃圾。厨余垃圾包括丢弃不用的菜叶、剩菜、剩饭、果皮、蛋壳、茶渣、骨头等，厨余垃圾通常含有极高的水分与有机物，很容易腐败，产生恶臭。这些厨余垃圾经过妥善处理和加工，可转化为新的资源。有机物含量高的特点使厨余垃圾经过严格处理后可作为肥料、饲料，也可产生沼气用作燃料或用来

发电，油脂部分则可用于制备生物燃料。

厨余垃圾虽然有回收利用价值，但是由于容易变质腐败，不适合单个家庭保存收集再利用，因此不能按照可回收垃圾进行回收，而是要专门进行处理。

小文

虾蟹壳为什么可以补钙？

化博士

虾、蟹属于甲壳动物，是节肢动物门中的一个纲，其体表都有一层几丁质外壳，称为甲壳。注意这里壳读作 qiào，不要念成 ké。现在很多人都会读错，但即使有人读错了也要知道他说的是什么。

甲壳动物包括虾类、蟹类、栉虾及鳃足亚纲、介形亚纲动物等。世界上甲壳动物的种类很多。甲壳动物的壳占体重的很大一部分，例如一只螃蟹的肉只占 40%，去掉不可食用的内脏，壳占体重的 50% 左右。全世界每年能产生 600 万～800 万吨废弃的蟹虾壳，数量惊人。甲壳动物的壳里面的成分主要分为三大类：20%～40% 的蛋白质、20%～50% 的碳酸钙和 15%～40% 的壳质。

由于虾蟹壳中还有一定量的碳酸钙，因此在经济不够富裕的情况下，人们就是采用食用虾蟹壳的方式补钙。食用时首先将虾蟹壳在火上焙烧干，再研碎后拌入其他食品中一起食用。

不过虾蟹壳中钙含量有限，并且人体的吸收率不高，因此经济条件好转后，人们就不再食用虾蟹壳补钙了。

小　文

为什么虾蟹煮熟之后都会变为红色？

化博士

生的、活的虾蟹其外壳呈现不同颜色，有红色的、青色的，还有紫色的。虾和蟹属于甲壳类动物，它们的颜色主要取决于甲壳下面真皮层中散布着的色素细胞。在这些色素细胞中，以含有虾红素的细胞为多。虾红素属于类胡萝卜素，该色素原为橙红色，可与不同种类的蛋白质相结合，变为蓝、紫、青、绿等颜色，此时则叫作虾青素。虾蟹煮熟之后，蛋白质变性，原本和蛋白质相结合的虾红素就和蛋白质分离，虾蟹壳就变成红色。

观察与发现 ❷

小文看到家中有一瓶甲壳素胶囊，上面就画着一个螃蟹的图案，想起不久前说过虾蟹壳中除了有碳酸钙可以补钙，还有很多营养物质，心想：难道这个甲壳素胶囊就是用螃蟹壳研碎制成的吗？

小文翻到瓶子背面看配料表，上面居然只有一种成分——甲壳素粉。看来这个甲壳素和虾蟹壳有关，但可能不是简单地将虾蟹壳研碎了。

甲壳素是虾蟹壳中的营养物质吗？

甲壳素1811年被法国学者布拉克诺（Braconno）发现，1823年由欧吉尔（Odier）从甲壳动物外壳中提取出来，所以说甲壳素还真是虾蟹壳中的营养物质。

甲壳素的分子结构

甲壳素的分子结构看起来有点复杂。它在化学物质分类上是一种线形的高分子多糖，即天然的中性粘多糖。不过这不是我们日常吃的糖，结构也比糖复杂。甲壳素是一种无毒无味的白色或灰白色半透明的固体，化学性质不活泼，难溶于水或一般的有机溶剂中，也难以溶解在稀酸或稀碱中。因此，甲壳素在被发现之后的很长一段时间内都没有得到充分的重视和研究，这也限制了它的应用和发展。

不过随着最近几十年化学研究手段和工艺的进步，人们重新开始研究甲壳素。经过几十年的系统研究，人们发现甲壳素是地球上存量极为丰富的一种自然资源，也是自然界中迄今为止被发现的唯一带正电荷的动物纤维素。由于它的分子结构中带有不饱和的阳离子基团，因而对带负电荷的各类有害物质具有强大的吸附作用。同样它也能清除人体内的"垃圾"，达到预防疾病、延年益寿的目的。由于甲壳素具有这种独特功能，它被欧美科学家誉为和蛋白质、脂肪、糖类、维生素、矿物质同等重要的人体生命要素。

甲壳素有什么实际用处吗？

由于甲壳素不与体液发生反应，对组织不起异物反应，无毒，因此才能在以下几个方面成为人类使用的药物。

第一，具有抗菌抗感染的作用。甲壳素及其多种衍生物均具有不同程度的抗感染作用。由于它能扰乱细菌的新陈代谢及合成，因

而具有抗菌作用。

第二，具有抗病毒作用。甲壳素掺杂硫酸镁做化肥具有抗病毒活性。研究表明甲壳素衍生物对血液病毒有显著的抑制作用，甲壳素磺化衍生物能抑制哺乳动物被病毒感染，特别是能抑制被艾滋病病毒感染。

第三，具有抗肿瘤作用。小分子甲壳素抑制了肿瘤细胞的生长和转移，使其不再不断复制扩散，使得癌细胞自生自灭，因而具有优良的抗肿瘤活性。

甲壳素还有很多用途，例如可以抗凝血、抗动脉硬化，可以作为手术缝合线，等等，实在是不能一一列举。

甲壳素有这么多用途，我们吃虾的时候把虾壳一起吃下去是不是就等于吃到了甲壳素？

事情当然没有这么简单。由于虾蟹壳中还含有大量的其他物质，虾蟹壳在消化系统内停留的时间又不够长，人体还不能从虾蟹壳中充分有效地吸收其中的甲壳素。

如果需要补充甲壳素，还是应该去购买商品级别的甲壳素。

甲壳素用处大，怎样才能从虾蟹壳中提取出来甲壳素？

由于虾蟹壳主要还包含碳酸钙和蛋白质，因此提取甲壳素的过程主要就是去除碳酸钙和蛋白质的过程。

现在科学家一共研究出来七种提取甲壳素的方法，大致可以归纳为四大类。

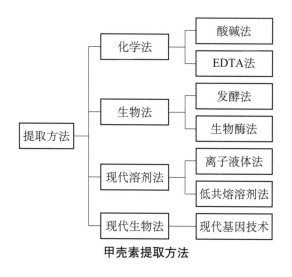

甲壳素提取方法

从名称看酸碱法就是用酸碱进行反应，我感觉我们就可以做。

是的，酸碱法就是使用盐酸和氢氧化钠溶液分别进行处理的方法，其在实际操作中又可以分为先酸后碱和先碱后酸两类。

这个方法是最早提取甲壳素的方法，也是成本比较低、操作最为简便的方法。现在的研究发现使用酸碱法提取小龙虾壳中的甲壳素，提取率已经可以达到16%。

酸碱法的原理就是利用酸将虾蟹壳中的碳酸钙反应掉：

$$CaCO_3 + 2HCl = CaCl_2 + H_2O + CO_2\uparrow$$

再利用碱将虾蟹壳中的蛋白质分解，最终留下的成分就以甲壳素为主了。

不过这个方法存在着废酸废碱比较多的问题，并且用碱处理虾蟹壳的时候，由于虾蟹壳中的蛋白质在碱的作用下分解，会产生一种叫作胺的物质，气味不太友好。现在工业上提取甲壳素越来越多地使用技术更先进、污染更少的方法。

提取甲壳素过程中对酸碱的浓度有要求吗？

所有的化学反应都会对反应物浓度有一定的要求，超过范围可能反应就不会发生或者产生了其他的反应。

例如甲壳素的提取过程，如果酸的浓度不够就不能有效地去除碳酸钙；碱的浓度不够蛋白质分解就会比较缓慢，影响提取效率或者杂质太多。

因此对于如何提取甲壳素，其中确定最佳的酸碱浓度是研究的重点之一。

提取甲壳素的过程中，碱的浓度过高会有什么不良结果吗?

提取甲壳素时一般使用浓度在 2 mol/L~4 mol/L 的氢氧化钠溶液，如果浓度过大，甲壳素就会继续分解生成一种叫壳聚糖的物质，又称甲壳胺、可溶性甲壳素，化学名称为 (1,4)-2-氨基-2-脱氧-β-D-葡萄糖，或简称聚氨基葡萄糖。这种壳聚糖的大分子结构中存在大量氨基，从而大大改善了甲壳素的溶解性和化学活性。因此，它在医疗、营养和保健等方面具有广泛的应用价值。

可以说浓度大了没有不良后果，但是生成的产物就会有多种，不利于后续的生产利用。

我知道了

家中的虾蟹壳属于厨余垃圾，但是虾蟹壳依然是一种可以利用的资源。虾蟹壳中含有一定的钙质，可以用于补钙，虾蟹壳中的甲壳素是一种重要的化学原料，可以用于医疗、食品等多个行业。使用酸碱轮流浸泡的方法去除虾蟹壳中的碳酸钙和蛋白质，就可以将虾蟹壳中的甲壳素提取出来。

知识链接

自然界中存在大量的多糖，除了纤维素以外还有由乙酰氨基葡

萄糖相互结合形成的甲壳质。它是许多低等动物特别是节肢动物，如虾、蟹、昆虫外壳的重要成分，也是一种来源丰富的可再生资源。甲壳质不溶于水和一般的有机溶剂，但是它在碱性溶液中可以脱去乙酰基，进而可得到以氨基葡萄糖为单体的高聚物——壳聚糖。壳聚糖可以溶于酸性溶液，具有良好的生物相容性，也具有一定的抑菌作用。

因为结构中存在羟基和氨基，壳聚糖易于通过化学反应进行结构修饰从而得到具有不同性质的衍生物，被应用于食品、医药、纺织、造纸、环保等领域。壳聚糖还具有生物可降解性，可以做成药物载体、手术缝合线、环保包装袋，以及农用可降解地膜等。

1. 小萌去厨房帮助妈妈择菜、清理垃圾。

（1）小萌给山药削皮，他的手接触过山药皮后有些痒，查找资料得知，山药中含有碱性的皂角素，会使皮肤奇痒难忍，可涂抹厨房中的　　　　　　来止痒。

（2）他又将厨房里的垃圾进行了清理，有空的铝制易拉罐和一些山药皮、菜叶等，其中属于可回收垃圾的是　　　　　　　　。

答案：（1）食醋　　（2）易拉罐

解析：皂角素导致皮肤奇痒，是由于其显碱性，因此使用中和的方法就可以止痒。厨房中最常用的酸性物质是醋，因此可使用醋进行中和。

山药皮和菜叶属于厨余垃圾，不可回收利用；易拉罐由铝制成，可以回收再利用，属于可回收垃圾。

2. 下列关于几丁质的说法，错误的是（　　　　）。

A. 几丁质属于多糖，广泛存在于甲壳类动物的外壳和昆虫的外
骨骼中

B. 能与溶液中的重金属离子有效结合，可用于废水处理

C. 可用于制作食品的包装纸和食品添加剂

D. 可用于制作人造皮肤和人工骨骼

答案：D

解析：几丁质是一种多糖，又称为壳多糖、壳聚糖，其分子式
为 $(C_8H_{13}O_5N)_n$。几丁质广泛存在于甲壳类动物的外壳和昆虫的外骨
骼中，故 A 正确。几丁质即甲壳素，在工业上有许多不同的用处。
甲壳素不仅被用于水和废水净化，还能作为稳定食物的食品添加剂。
由于甲壳素不与体液发生反应，对组织不起异物反应，无毒，因此
成为人类使用的药物。故 B、C 正确。甲壳素的应用范围很广，在
工业上可做布料、衣物、染料、纸张和用于水处理等；在农业上可
做杀虫剂、植物抗病毒剂；在渔业上可做养鱼饲料；在化妆品行业
可做美容剂、保湿剂及用于毛发保护等；在医疗用品行业上可做隐
形眼镜、人造皮肤、缝合线、人工透析膜等。尽管甲壳素在医疗用
品行业有诸多用途，但在现有技术下尚无法用于制作人工骨骼，因
此本题选 D。

（曹葵）

27 如何将厨房中的油脂"变废为宝"？

- ❓ 厨房中的废弃油脂一般是怎么处理的？
- ❓ 废弃油脂处理不当会带来什么问题？
- ❓ 什么是绿色化学？
- ❓ 有什么方法能将废弃油脂"变废为宝"呢？

 观察与发现❶

小文同家人吃饭，餐桌上有大盘鸡、水煮牛肉等。饭后收拾碗筷时，就听妈妈突然对爸爸说："今天的菜油太大了，先把多的油倒了再洗吧。"

 小 文

"多的油"指什么？家庭环境下，一般是如何处理它的？

 化博士

家里"多的油"是废弃油脂的一种。废弃油脂是指食品生产经营单位在生产经营过程中产生的不能再食用的动植物油脂，包括：

餐饮业废弃油脂，以及含油脂废水经油水分离器或者隔油池分离后产生的不可再食用的油脂。这些废弃油脂不仅严重影响市容环境和市民生活，而且还会造成大面积的水体污染。过度使用的植物油如果不加以处理，继续作为食用油使用，将给人们的身体健康带来极大的危害。自己在家做饭，会使用到动植物油脂，一样会产生废弃油脂。

在日常生活中，许多家庭都是将废弃油脂直接倒入厨房下水道或者卫生间下水道。近些年来，随着垃圾分类的兴起，废弃油脂被归类到湿垃圾或者厨余垃圾大类中，进行分类回收处理。

像爸爸妈妈那样处理会不会带来什么隐患啊？

直接将废弃油脂排入下水道，看似瞬间解决了厨余废油的问题，实则埋下了不少隐患。以直接排入厨房下水道为例，厨房下水道水槽与下水口之间有一段 PVC 软管作为连接。将废油直接倒入洗碗池中，油脂会附着在 PVC 管道上，时间长了容易堵塞管道，并且随着时间的推移，油脂变质，产生"哈喇"味，还会与厨余残渣发生一些更复杂的化学反应，招来蚊虫，产生有毒有害物质。

比较爱吃火锅的家庭，如果吃完后将未经冷却的废油直接倒入下水道，将对 PVC 管道造成伤害。这种软质的 PVC 管道虽然耐酸、耐碱、耐腐蚀，但是耐热性却比较差。软质管道的使用温度不得超

过 45℃，即便是硬质管道也不得超过 60℃。并且软质管道中添加了
30%～70% 的塑化剂（一般使用邻苯二甲酸酯），它易溶于有机溶
剂，即会溶在热油里，从而进一步影响管道寿命，可能造成管道加
速老化出现漏洞，引发厨房漏水隐患。

聚氯乙烯塑料制品在较高温度下，如 50℃ 左右就会慢慢地分解
出氯化氢气体，这种气体对人体有害，因此聚氯乙烯制品不宜作为
食品的包装物。

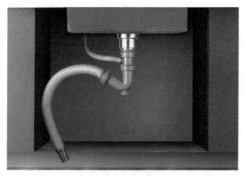

厨房下水管道

 观察与发现 ❷

自从上次了解到直接将废油倒入下水道是一种存在隐患的处理
方式后，小文一直在想怎样才能合理地解决这一问题。

将废油直接倒了会带来这么多问题，有没有什么方法能将其
变废为宝呢？

化博士

　　想要避免随意将废油排放进下水道引发的一系列问题，首先要做的就是把它单独回收了。家里回收的废油，可以做成堆肥，给土壤增加营养，用来种植花草；或者利用皂化反应原理将其制成肥皂，实现废物再利用。近些年，随着"绿色化学"理念的兴起，资源的回收再利用越来越引起人们的重视。基于此理念，废弃油脂的回收再利用有了一个新的方向——将其制成生物柴油。

小　文

什么是"绿色化学"？

化博士

　　绿色化学又称环境无害化学、环境友好化学、清洁化学。绿色化学涉及有机合成、催化、生物化学、分析化学等，内容广泛。绿色化学倡导用化学的技术和方法减少或停止那些对人类健康、社区安全、生态环境有害的原料、催化剂、溶剂和试剂、产物、副产物等的使用与产生。

　　绿色化学主要从原料的安全性、工艺过程的节能性、反应的原子经济性和产物的环境友好性等方面进行评价。原子经济性和"5R"原则是绿色化学的核心内容。原子经济性是指充分利用反应物中的各个原子，从而既能充分利用资源又能防止污染。原子利用率高，指最大限度地利用原料中的每个原子，使之结合到目标产物中。反应产生的废弃物越少，对环境造成的污染就越小。实验过程中应遵循绿色化实验的5个"R"原则，即 reduction（减少），指减少原料使用量，减少实验产生和排放的废弃物；reuse（再利用），指循环使用、重复使用；recycling（回收），指实现资源的回收利用，从而实现"省资源、少污染，减成本"；regeneration（再生），指变废为宝，资源和能源再利用，这是减少污染的有效途径；rejection（拒绝），指拒用有毒有害品，对于一些无法替代又无法回收、再生和重复使用的，有毒副作用及会造成污染的原料，这是杜绝污染的最根本的办法。

生物柴油有什么特殊之处？如何实现从厨余废油到生物柴油的转化？

生物柴油于1988年由德国聂尔公司发明。它最初是以菜籽油为原料提炼而成的洁净燃油。其突出的环保性和可再生性，引起了世界发达国家，尤其是石油资源贫乏国家的高度重视。近十多年来，生物柴油产业在世界各国发展很快。

生物柴油的燃料性能与石油基柴油较为接近，并有其独特的优点：含氧量高，燃烧更充分；适用场景广，不仅能做柴油机的替代燃料，还能用于海洋运输、地质勘探设备等非道路用柴油机的替代燃料；安全可靠，生物柴油的闪火点较石油基柴油高，有利于安全储运和使用；具有优良的环保特性；生物柴油中硫含量低，使得 SO_2 和硫化物的排放少，可减少约30%（有催化剂时可减少70%），且生物柴油中不含对环境会造成污染的芳香烃，因而产生的废气对人体的损害程度低。

厨余废油本是废弃物，用酯交换反应原理可将其制备成可再利用的生物柴油。生物柴油是废弃动植物油脂与甲醇反应得到的脂肪酸甲酯，其碳链长度大致是14~18个碳，并且由于脂肪酸甲酯分子中含氧量高，燃烧所需氧气少，因此更容易燃烧，燃烧也会更充分，不容易冒黑烟。这样制得的生物柴油符合绿色化学的标准。它的反应原理如下图。

生物柴油制备的反应原理

在实际工业生产中，还需要进一步分离提纯，无法一步到位。这一点从反应的可逆性与产物不唯一中可以窥得。甲醇可以回收重复利用，对于最终获得的产物，需要把脂肪酸甲酯与甘油分离开来，才能得到预期产品——生物柴油。

观察与发现 ❸

小文一家人去旅行，到达机场后，头顶上飞机呼啸而过。此时，小文爸爸突然对小文说："我看你最近很关注如何有效处理废弃的厨余油脂，想将它变废为宝。你知道它已经能'上天'了吗？它可是

能转化为绿色燃料也就是生物航空煤油的。"

　　生物航空煤油与航空煤油有什么区别？我们现在乘坐的飞机使用它作为燃料吗？

　　我国生物航空煤油是以多种动植物油脂为原料，采用自主研发的加氢技术、催化剂体系和其他一系列工艺技术生产的。在研发过程中，科研人员需要将原本浓稠、黏腻的油脂的黏度、沸点等降低，使其再生为生物燃油。相较于传统航空煤油，生物航空煤油可实现减排二氧化碳 55%~92%，不仅可以再生，具有可持续性，而且无须对发动机进行改装，具有很大的环保优势。

　　在生物航空煤油应用领域，我国在 2013 年 4 月使用生物航空煤油的飞机完成首次试飞，之后又在 2015 年 3 月以及 2022 年 12 月使用生物航空煤油的飞机分别完成了客运及货运首次飞行，证实了其可行性。下一步，我国也计划将合格的生物航空煤油用于定期航班，但还需要取得可靠证据来验证其稳定性。

　　虽然生物航空煤油已经获得商业化应用的"门票"，但距离大规模推广仍有很长的一段路要走。主要问题是生产成本过高。以国际标准测算，生物航空煤油的生产成本是石油基航空煤油的 2~3 倍。以餐饮废油为例，大概 3 吨多餐饮废油才能生产 1 吨生物航空煤油。餐饮废油不同于地沟油，必须是不含水的油脂，收集成本较高。

　　看起来前路漫漫，但考虑到可持续发展战略以及绿色低碳环保概念，中国民用航空局颁布了《"十四五"民航绿色发展专项规划》，来推动民航发展全面绿色转型。而航空煤油行业与民航行业息息相关，在新的发展形势下，我国航空煤油行业也将迎来绿色改革。2022年1月，国家发展改革委、国家能源局印发了《"十四五"现代能源体系规划》，明确提出大力发展生物航空煤油。有国家政策指导和绿色低碳理念护航，我国航空煤油行业向绿色低碳转型的步伐将加快，生物航空煤油将成为行业新发展趋势。

 我知道了

　　废弃油脂肆意排放会损害人体健康，带来环境污染问题，但若是按照绿色化学理念将其回收再利用，它又变成了放错地方的宝物。按照不同的原理，它可以反应转化为生物柴油或者生物航空煤油。与石油基类柴油、煤油相比，它能大大减少碳排放量，为绿色低碳做出巨大的贡献，因而用它替代传统柴油、煤油或者与之掺杂使用是大势所趋。

　　知识链接

　　生物柴油，是用未加工过的或者使用过的植物油以及动物脂肪通过酯交换反应制备出来的一种被认为是环保的生物液体燃料。这种生物燃料可以像柴油一样使用。

　　（1）绿色化学：绿色化学又称环境无害化学、环境友好化学、

清洁化学，其核心思想就是改变先污染后治理的观念和做法，利用化学原理和技术手段，减少或消除产品在生产和应用中涉及的有害化学物质，实现从源头减少或消除环境污染。

（2）酯交换反应：酯交换反应，即酯与醇、酸、酯（不同的酯）在酸或碱的催化下生成一个新酯和一个新醇、新酸、新酯的反应。

1. 在一定条件下，动植物油脂与醇反应可用来制备生物柴油，其化学方程式如下：

$$\begin{array}{l}
\underset{\text{动植物油脂}}{\text{CH}_2\text{—O—}\overset{\text{O}}{\overset{\|}{\text{C}}}\text{—R}_1 \\
\text{CH—O—}\overset{\text{O}}{\overset{\|}{\text{C}}}\text{—R}_2 \\
\text{CH}_2\text{—O—}\overset{\text{O}}{\overset{\|}{\text{C}}}\text{—R}_3
\end{array} + \underset{\text{短链醇}}{3\text{R'OH}} \underset{\triangle}{\overset{\text{催化剂}}{\rightleftharpoons}} \underset{\text{生物柴油}}{\begin{array}{l}\text{R'—O—}\overset{\text{O}}{\overset{\|}{\text{C}}}\text{—R}_1 \\ \text{R'—O—}\overset{\text{O}}{\overset{\|}{\text{C}}}\text{—R}_2 \\ \text{R'—O—}\overset{\text{O}}{\overset{\|}{\text{C}}}\text{—R}_3\end{array}} + \underset{\text{甘油}}{\begin{array}{l}\text{CH}_2\text{—OH} \\ \text{CH—OH} \\ \text{CH}_2\text{—OH}\end{array}}$$

下列叙述错误的是（　　）。

A. 生物柴油与柴油的组成元素不相同

B. 该反应的反应类型为取代反应

C. 等质量的甘油和乙醇分别与足量的钠反应，产生的 H_2 质量：乙醇＞甘油

D. 地沟油可用于制备生物柴油和肥皂

答案：C

解析：由题干信息可知，生物柴油属于酯类，由 C、H、O 三种元素组成，而柴油是烃类，仅含 C、H 两种元素，故二者的组成元

素不相同，A正确。由题干信息可知，该反应的反应类型为取代反应，B正确。已知反应方程式：

$$2 \begin{array}{c} CH_2OH \\ | \\ CHOH \\ | \\ CH_2OH \end{array} +6Na \longrightarrow 2 \begin{array}{c} CH_2ONa \\ | \\ CHONa \\ | \\ CH_2ONa \end{array} +3H_2\uparrow$$

$$2CH_3CH_2OH+2Na \longrightarrow 2CH_3CH_2ONa+H_2\uparrow$$

根据上述反应计算可得，等质量的甘油和乙醇分别与足量的钠反应，产生的 H_2 质量：乙醇＜甘油，C错误。地沟油即油脂，由题干信息可知，其可用于制备生物柴油；油脂在碱性条件下水解即可制得高级脂肪酸盐即肥皂，D正确。

2. 在一定条件下，动植物油脂与醇反应可用来制备生物柴油，其化学方程式如下：

$$\begin{array}{c} R_1COOCH_2 \\ R_2COOCH \\ R_3COOCH_2 \end{array} + 3R'OH \xrightarrow[\text{加热}]{\text{催化剂}} \begin{array}{c} R_1COOR' \\ R_2COOR' \\ R_3COOR' \end{array} + \begin{array}{c} CH_2OH \\ CHOH \\ CH_2OH \end{array}$$

动植物油脂　短链醇　　　　　　　　生物柴油　　甘油

下列叙述错误的是（　　）。

A. 动植物油脂是高分子化合物

B. 生物柴油是不同酯组成的混合物

C. 地沟油可用于制备生物柴油

D. 植物油的不饱和程度比动物油高，植物油更易氧化变质

答案：A

解析：高分子化合物的相对分子质量一般高达 $10^4 \sim 10^6$，而油脂的相对分子质量较小，故动植物油脂不是高分子化合物，A错误；由于烃基不同，所以生物柴油是由不同酯组成的混合物，B正确；

地沟油的主要成分为油脂，通过这种方式转化为生物柴油，变废为宝，可行，C 正确；植物油为不饱和高级脂肪酸甘油酯，其不饱和程度比动物油高，植物油更易氧化变质，D 正确。

（李燕）

28　塑料的使用与回收

?　什么是塑料?

?　塑料制品底部的标识代表着什么?

?　塑料是如何制成的?

?　食品级塑料如何使用是安全的?

?　厨房中的塑料垃圾是如何回收再生的?

 观察与发现 ❶

> 盛装饭菜、饮料的都是塑料,这些塑料都一样吗?

食品包装中的常见塑料

暑假已经开启，今天小文自己在家，他刚刚认真完成了上午的假期作业。此时，妈妈给他订的午餐外卖正好送到。小文赶紧洗了手打开塑料袋拿出饭菜和饮料开心地享用起来。吃着吃着小文发现盛装饭菜、饮料的都是塑料……

什么是塑料呢？

塑料是一种高分子材料，由合成树脂及填料、增塑剂、稳定剂、润滑剂、色料等添加剂加工而成。它具有质轻、耐用、易加工等特性，已经在我们的日常生活中扮演了重要角色。

餐盒和饮料瓶使用的塑料是一样的吗？

这些塑料一般都是食品级塑料。通常塑料制品的底部会有一个三角形符号，这个三角形符号是塑料回收标志，从 1 到 7 的不同数字代表不同的原材料和等级，就像是每个塑料容器的"身份证"。如果制品是由几种不同材料制成的，则标示的是制品的主要或基本材料。

常见塑料制品的标示

常见塑料的主要成分

名称	主要成分
PET	聚对苯二甲酸乙二醇酯
HDPE	高密度聚乙烯
PVC	聚氯乙烯
LDPE	低密度聚乙烯
PP	聚丙烯
PS	聚苯乙烯
OTHER（其他塑料，如 PC）	聚碳酸酯

 观察与发现 2

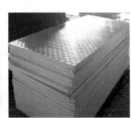

日常生活中的各种塑料

塑料在各行各业中广泛应用，在日常生活中更是广泛使用的高分子材料，但塑料的成分和用途各不相同。小文想：这是不是和塑料的制备方法有关呢？

塑料是如何制成的？

塑料是以单体（通常为小分子）为原料，通过加聚或缩聚反应聚合而成的高分子化合物。树脂是指尚未和各种添加剂混合的高分子化合物。树脂的成分和添加剂的种类与用量将影响塑料的性能和使用范围。

高分子的合成是利用有机化合物相互反应，由小分子聚合得到相对分子质量较大的高分子的过程。通过聚合反应得到的是分子长短不一的混合物。合成高分子的方法包括加聚反应和缩聚反应。各种塑料就是通过以上两种方法制备而成的。

1. 加聚反应

加成聚合反应简称加聚反应，一般是含有不饱和键（双键、三键、共轭双键）的不饱和烃之间发生聚合反应。如聚乙烯、聚氯乙烯、聚丙烯、聚苯乙烯等是通过加聚反应得到的。

$$n\,CH_2{=}CH_2 \xrightarrow{\text{催化剂}} \left[CH_2-CH_2\right]_n$$

乙烯　　　　　　　聚乙烯

$$n\ CH_2=CH\ \xrightarrow[\triangle]{催化剂}\ \left[\!\!\begin{array}{c}CH_2-CH\\|\\Cl\end{array}\!\!\right]_n$$
$$\ |$$
$$\ Cl$$

氯乙烯　　　　　　聚氯乙烯

$$n\ CH_2=CHCH_3\ \xrightarrow{催化剂}\ \left[\!\!\begin{array}{c}CH-CH_2\\|\\CH_3\end{array}\!\!\right]_n$$

丙烯　　　　　　聚丙烯

$$n\ CH=CH_2\ \xrightarrow{催化剂}\ \left[CH-CH_2\right]_n$$

苯乙烯　　　　　　聚苯乙烯

树脂

聚乙烯保鲜膜

聚氯乙烯塑料管

聚丙烯饭盒

经由加聚反应合成的各种塑料制品

2. 缩聚反应

缩合聚合反应简称缩聚反应，一般是含有两个或两个以上官能团的单体之间发生聚合反应，在生成缩合聚合物（简称缩聚物）的同时，还伴有小分子副产物（如水等）的生成，这也是缩聚反应和

加聚反应的重要的不同之处。

$$n\ H_3C\text{—}CH_3\ \text{双酚A} + n\ \text{碳酸二苯酯} \xrightarrow{\text{一定条件}} \text{聚碳酸酯} + (2n-1)\ \text{—OH}$$

双酚A　　　　碳酸二苯酯　　　　　　　　聚碳酸酯

$$n\ HOOC\text{—}\text{—}COOH + n\ HOCH_2CH_2OH \xrightarrow{\text{一定条件}} HO\left[\overset{O}{\underset{}{C}}\text{—}\overset{O}{\underset{}{C}}\text{—}OCH_2CH_2O\right]_n H + (2n-1)\ H_2O$$

对苯二甲酸　　　　乙二醇　　　　　　　聚对苯二甲酸乙二醇酯

缩聚反应

总体来说，聚丙烯、聚乙烯、聚苯乙烯、聚碳酸酯、聚对苯二甲酸乙二醇酯，这几种食品级的塑料都可以用于盛装食品和制成餐具。但聚氯乙烯这种材质的塑料制品易产生有害物质，往往含有没有被完全聚合的单分子氯乙烯。目前，这种材料的容器较少用于包装食品。

 观察与发现❸

餐盒上的标识

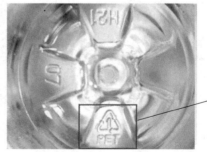

饮料瓶上的标识

小文吃完午饭收拾餐盒和饮料瓶时，注意到餐盒盖上和饮料瓶底部确实有不同的标识。现在他已经清楚了这两种塑料的主要成分，知道了标识的含义。此时他心里又产生了新的疑问：如果饭菜没有吃完，这种材质的餐盒能不能加热？喝完饮料的塑料瓶能不能重复使用呢？

食品级塑料如何使用是安全的？

知道了制备各种塑料时使用的原材料，我们就可以初步推断出哪种塑料使用时是相对安全的。当然，除了原料树脂，我们还要看在合成过程中使用的填料、增塑剂、稳定剂、润滑剂、色料等添加剂，以及合成工艺等因素。常见的食品级塑料的使用说明，见下表。

常见塑料的使用说明

名称	成分	使用说明
PET	聚对苯二甲酸乙二醇酯	饮料瓶如矿泉水瓶、碳酸饮料瓶都是用这种材质做成的。饮料瓶不能循环使用，耐热温度为70℃，只适合装暖饮或冻饮。
HDPE	高密度聚乙烯	可耐110℃高温，标明为食品用塑料袋的都可用来盛装食品。
PVC	聚氯乙烯	这种材质的塑料制品易产生有害物质，包括没有被完全聚合的单分子氯乙烯和增塑剂中的有害物，可致癌。目前，这种材料的容器已经比较少地用于包装食品。
LDPE	低密度聚乙烯	各种保鲜膜的材质，其耐热性不强，通常合格的保鲜膜在温度超过110℃时会出现热熔现象，溶在食品中会留下一些人体无法分解的塑料制剂。
PP	聚丙烯	几乎是全能的食品级塑料材质，耐130℃高温，这是唯一可以放进微波炉的塑料盒，且清洁后可重复使用。

续表

名称	成分	使用说明
PS	聚苯乙烯	制造碗装泡面盒、发泡快餐盒的材质，不易降解，应减少使用，对于保温隔热需要用的 PS 制品，应尽量重复使用。
PC	聚碳酸酯	被大量使用的材料，多用于制造奶瓶、水杯等，可重复使用。

从上表不难看出：聚丙烯、聚碳酸酯作为食品级塑料都可以重复使用且可以加热；对于聚氯乙烯和聚苯乙烯建议减少使用，特别是聚氯乙烯，最好不要用它来盛放食品。

 观察与发现 ❹

不可降解与可降解塑料

塑料因其优异的性能广泛应用在各行各业及日常的生产生活中。但是其由于性质稳定且多数都不易降解，造成了"白色污染"，给环境带来了一些问题。尤其值得注意的是，聚对苯二甲酸乙二醇酯饮料瓶属一次性塑料包装，应用广泛，废弃量大，从节约资源、减少碳排放和保护环境等方面看，废饮料瓶的回收再利用具有重要的意义。

小文知道塑料是可以回收的垃圾资源，于是将用完的空的餐具盒和饮料瓶一起放在家中放置回收物的垃圾桶中。

小　文

塑料是如何回收再生的呢？

化博士

　　下面我们就以聚对苯二甲酸乙二醇酯饮料瓶（简称"聚酯瓶"）为例，说说塑料的回收再生吧。聚酯瓶被称为回收界的优等生，可以回收再生制成鸡蛋盒、餐盘、纤维制品、塑料布等。运来的聚酯瓶，经过机器处理摘除瓶盖和标签，破碎后清洗、溶解、过滤去除异物，制成颗粒状和类似棉织品的再生原料。颗粒状材料用于制作织布、领带等纤维制品，类似棉织品的材料用于制作防水布等。

　　现阶段对废旧聚酯瓶的回收再利用主要有三种工艺，即物理法、化学—物理法和化学法。

　　物理法主要是将废聚酯瓶中的杂质用机械等方法进行分离，然后洗涤、破碎和造粒，随后以化学组成比较单一的聚酯瓶片为原料，经造粒成为纺丝的原材料，将其熔融纺丝制成纤维；也可将聚酯瓶片经粉碎、洗涤、干燥后直接纺制成纤维。这种物理回收方法是最容易实现的。

　　化学—物理法是将清洗后的废旧聚酯瓶、废料块等，与一种预先制造的含有高浓度磺酸盐基团的阳离子染料可染聚酯母粒共混纺丝，制成常压下的阳离子染料可染聚酯纤维。

　　化学法主要指将物理法难以回收的废旧聚酯纤维先解聚为聚酯单体的小分子化合物，而后除去其中的杂质和颜色，再将纯净的单

体小分子重新聚合为聚酯。我们将其称为再生聚酯，以有别于原生聚酯。PET 中含有大量的酯键。通过破坏酯键来降解聚酯瓶的方法有很多，可将瓶料分解成单体，利用单体再合成食品级 PET 树脂。

　　与聚酯瓶由单一材质构成不同，很多容器的包装塑料制品都是根据材质的主要特征混合其他材质构成的复合材质制品，使用了混有杂质的再生原料，因而很难被制作成高品质的回收制品，一般只能用于制造一次性托盘、花草容器以及造景植物等。塑料制品的使用、回收和再生将是一个较长期的课题。让我们一起积极应对，为构建美好家园不断探索和创新！

 我知道了

　　原来塑料是一种高分子材料。

　　塑料制品底部的标识就是每个塑料容器的小小身份证，容器的制作材料不同，在使用上也存在不同。

　　塑料是以单体为原料，通过加聚或缩聚反应聚合而成的高分子化合物。

　　食品级塑料一般都可以用于食品和餐具。聚丙烯、聚碳酸酯作为食品级塑料都可以重复使用且可以加热；对于聚氯乙烯和聚苯乙烯建议减少使用，特别是聚氯乙烯，最好不要用来盛放食品。

　　塑料是可以回收的资源，回收再生的方法可以分为物理法、化学—物理法和化学法。塑料制品的使用、回收和再生将是一个较长期的课题，等着我们不断去探索。

知识链接

塑料是常见的高分子材料。合成高分子的方法包括加成聚合反应（简称加聚反应）和缩合聚合反应（简称缩聚反应）。

（1）加聚反应：一般是含有不饱和键（双键、三键、共轭双键）的不饱和烃之间发生聚合反应。如聚乙烯的合成：

$$n\,CH_2 = CH_2 \xrightarrow{\text{催化剂}} \left[CH_2 - CH_2 \right]_n$$

（2）缩聚反应：一般是含有两个或两个以上官能团的单体之间发生聚合反应，在生成缩聚物的同时，还伴有小分子副产物（如水等）的生成。这也是缩聚反应和加聚反应的重要的不同之处。如聚碳酸酯的合成：

真题实战

1. 聚碳酸酯（PC）高分子材料的透光率好，可用来制作车、船、飞机的挡风玻璃，以及眼镜镜片、光盘、唱片等，其合成反应为：

下列说法不正确的是（　　　）。

A. 合成 PC 的反应为缩聚反应

B. W 是甲醇

C. HO—⟨benzene ring⟩—C(CH₃)₂—⟨benzene ring⟩—OH 和 ⟨benzene ring⟩—OH 互为同系物

D. HO—⟨benzene ring⟩—C(CH₃)₂—⟨benzene ring⟩—OH 的核磁共振氢谱有 4 组吸收峰

答案：C

解析：根据缩聚反应的定义，即含有两个或两个以上官能团的单体之间发生的聚合反应，在生成缩聚物 PC 的同时还生成小分子，A 正确；根据原子守恒定律或分析反应断键成键的原理可知，W 为 CH_3OH，此与缩聚反应的定义吻合，B 正确；根据同系物的概念"结构相似，在分子组成上相差 1 个或若干个 CH_2 原子团的有机物互称为同系物"，可判断 HO—⟨benzene ring⟩—C(CH₃)₂—⟨benzene ring⟩—OH 和 ⟨benzene ring⟩—OH 不是同系物，C 错误；HO—⟨benzene ring⟩—C(CH₃)₂—⟨benzene ring⟩—OH 结构对称，有 4 种不同化学环境的氢原子，所以其核磁共振氢谱有 4 组吸收峰，D 正确。

2.［2021 北京，11］可生物降解的高分子材料聚苯丙生（L）的结构片段如下图所示。

聚苯丙生（L）〜〜 X_m—Y_n—X_p—Y_q 〜〜（〜〜表示链延长）

其中，X 为 $\{O-\overset{O}{\overset{\|}{C}}-⟨benzene ring⟩-O(CH_2)_3O-⟨benzene ring⟩-\overset{O}{\overset{\|}{C}}\}$，Y 为 $\{O-\overset{O}{\overset{\|}{C}}(CH_2)_8\overset{O}{\overset{\|}{C}}\}$。

已知：$R^1COOH + R^2COOH \xrightarrow[\text{水解}]{\text{脱水}} R^1-\overset{O}{\overset{\|}{C}}-O-\overset{O}{\overset{\|}{C}}-R^2 + H_2O$。

下列有关 L 的说法不正确的是（　　）。

A．制备 L 的单体分子中都有两个羧基

B．制备 L 的反应是缩聚反应

C．L 中的官能团是酯基和醚键

D．m、n、p 和 q 的大小对 L 的降解速率有影响

答案：C

解析：由题目中 L 的结构片段及 X、Y 的结构简式可知，两种单体分子中都含有两个羧基，A 正确；根据题目中所给的已知反应可知，产物有水，制备 L 的反应是缩聚反应，B 正确；L 中不含酯基，C 错误；聚合物的分子结构对聚合物的降解有本质的影响，因此 m、n、p 和 q 的大小对 L 的降解速率有影响，D 正确。

（贺新，臧春梅）

图书在版编目（CIP）数据

厨房中的化学 / 贺新等著. -- 北京：中国人民大
学出版社，2024. 10. -- ISBN 978-7-300-33238-3

Ⅰ. 06-49

中国国家版本馆CIP数据核字第2024E1G288号

厨房中的化学

贺新 等 著

Chufang Zhong De Huaxue

出版发行	中国人民大学出版社		
社　　址	北京中关村大街31号	邮政编码	100080
电　　话	010-62511242（总编室）	010-62511770（质管部）	
	010-82501766（邮购部）	010-62514148（门市部）	
	010-62515195（发行公司）	010-62515275（盗版举报）	
网　　址	http://www.crup.com.cn		
经　　销	新华书店		
印　　刷	北京宏伟双华印刷有限公司		
开　　本	720 mm × 1000 mm　1/16	版　次	2024年10月第1版
印　　张	22	印　次	2024年10月第1次印刷
字　　数	236 000	定　价	69.00元